JN074960

ABC ラジオ本

AM1008
FM93.3

ABC Radio Official Book

三オブックス

ABCラジオ本

目次

第3章 門外不出のクロストーク

■資料編

ABC ラジオ AM1008 FM93.3

1951（昭和26）年11月11日の開局以来、毎日絶やさず
ラジオ放送をリスナーのもとに届けているABCラジオ。

パーソナリティは日々何を考えマイクの前に座り、
実況アナはどんな工夫をして目の前の興奮を伝えるのか。

「居て当たり前」の存在だからこそ、
その「すごさ」と「らしさ」について、改めて知っておこう。

第1章

パーソナリティ、かく語りき

ABCラジオを代表するパーソナリティ4人が、ラジオを中心としたこれまでの歩みを語る。

ABC
ラジオ AM1008 FM93.3
本
ABC Radio Official Book

上沼恵美子のこころ晴天

月曜 12:00 ～ 15:00
Mail kokoten@abc1008.com

パーソナリティ、かく語りき ❶

上沼恵美子

かみぬま えみこ

4月13日生まれ。兵庫県の淡路島出身。1971年に姉妹漫才「海原千里・万里」の海原千里としてデビュー。1976年にリリースした「大阪ラプソディー」が大ヒット。1977年、8歳年上の関西テレビのディレクター・上沼真平との結婚を機にコンビは解散、一時芸能活動から身を引いていた。その後、タレント・上沼恵美子として活動を再開。1994年・1995年に「NHK紅白歌合戦」の司会を担当、関西のみならず日本を代表する人気司会者に。ABCラジオでは記事に触れた番組以外では、「新・夫婦善哉」(1987～1989年、桂春蝶と共演)、「パノラマ大放送」(1990～1993年、佐川満男と共演) などレギュラー番組を歴任。

インタビュー｜鈴木淳史　構成｜梅田庸介　写真｜上野準

「ラジオが面白い」と
言われるのが一番の褒め言葉。

「上沼恵美子のこころ晴天」はコーナーなどの区切りが比較的少なく、たっぷりとフリートークが聴ける生放送。１９９３年４月開始とＡＢＣラジオを代表する人気長寿番組である。

これまでテレビの冠番組を何本も持ってきた上沼だが、果たしてラジオに対してはどのような思いを持っているのだろうか。

お金に換えられない価値

「こころ晴天」はもう30年ですか（★1）。自分で言うのもなんですけど大したもんですね。テレビでもいろんな番組をやらせてもらいましたけど、私にとっては「ラジオが面白い」と言われるのが一番の褒め言葉なんです。とっても嬉しい。

★1　上沼もレギュラーだった「パノラマ大放送」のあとを受けて、1993年4月5日スタート。月～木の帯番組だったが、途中、他の出演者が担当する曜日もありながら、2010年4月からは現在の月曜日のみの放送となった。

テレビは規制があるし、台本があるし、流れがきちっとあります。ラジオはほんまに「勝手にどうぞ」ですから。ＡＢＣラジオのこの枠では好きなことをやらせていただいて、本当に自分の力になりましたね。

おしゃべりを商売とされている人、例えば（明石家）さんまさんがなぜラジオをずっとやられているかと言ったら、やっぱり「鍛錬」「訓練」というか「研鑽」の意味が大きいんじゃないでしょうか。そういう面があるからやり続けてらっしゃると人づてに聞いたことがあります。

私も一緒ですね。ほんまギャラで言うたら遊びに来ているようなもんですよ。ほんま失礼ですね（笑）。すみません。でもそんなものでは得られない値打ちがラジオにはあるんです。

ラジオは気持ちが出るんです。飼っている犬が死んだ時とか、旦那と仲悪い時とかは、そういう心の内もすべて出てしまうんですね。ダメだなとは思いますけども、私の「素」の部分が出ているのは確か。そんな中で「上沼恵美子のラジオが面白い」と言われるわけですからありがたい。私の大事な宝物になっています。

フリートークの極意

上沼恵美子がスタジオに入るのは本番の直前。大袈裟でもなく「数分前」である。共演者ともそこではじめて顔を合わすと言っても過言ではなく、もちろん本番前の打ち合わせは一切なし。

“主婦目線”で
本音を言うラジオって
なかなかないのかもしれません。

しかし、いざ本番が始まれば、速射砲が如く見事なトークが展開され、リスナーは上沼が作り上げる「今」という時間に引き込まれていく。「上沼恵美子のラジオ」たらしめるのは、まさにこの「ライブ感」である。

よく聞かれるんですよ。「台本があるんですか？」とか「前の日に何を喋るか考えて原稿を書いているんですか」とか。そんなことしませんよ（笑）。喋ることは本当に何も決めてません。真っ白な状態でスタジオに入っています。準備もなしに申し訳ないと言えばそうなんですけど、いざ始まったら完全に真剣勝負。全力投球です。

生放送なのでドキュメンタリーに近い？　そんなええもんちゃいます。しょーもない話をしてるだけです。

ただ、気楽に聴いていただけるのは確か。入院中の方は特に喜んでくれますね。「下手な注射よりえみちゃんのラジオを聴いたほうが元気が出る」って。それを言われた時は嬉しかったですね。

賢いことしか言わない番組ばっかりでも困るでしょ。〝主婦目線〟というか〝女目線〟で、かつ本音を言うラジオってなかなかないのかもしれません。ぜんぶ本音で言ってしまったら戸谷さん（★2）は飛ばされるしね。そんなことは心得てます。とはいえ本音は本音です。キワキワのところが今の人にはなかなかできないかもしれません。

「これ言うてええんかな？　でも言わんとオチにならんわ」ということがよくあるんですよ。たとえば『ある販売店で買うてきまして』よりも『コーナンで買うてきて』って言わんとあかんで

★2　名物Pとして各番組で名前が頻出する戸谷公一のこと。

しょ？「販売店」じゃおもろない。私がコマーシャルをやらなかったのはそこなんです。商品名をよく出すんです。

　昔ね、「ママローヤル」というライオンの食器洗剤のＣＭをやったことがありました。そのライバル商品に花王の「ママレモン」があったんですけど、ある時、スーパーに買い物に行ったらそれが特価やったんで、カゴに入れたの。そしたら「ママローヤル（のＣＭ）やってるくせに」って言われたんですよ！　あぁ、そうかと。私、やってたわって。そら言われますよ。

　それでほんとに懲りたんです。私、スーパー大好きなんで、安いものも買いますやん。そらお金持ちですけど（笑）、同じようなものやったら安いものを買います。コマーシャルをやるということは、いろんなしょーもない責任も持たないといけないわけです。

　そんなややこしいものは辞めておこうと。せっかくどこにも所属していない、私１人で飛んでる空なのでね。良いも悪いも好き勝手できる。フリーでやってる醍醐味です。

　まぁ上手に空を飛んできましたよ、１人の割にはね。時にはいびられたり、血を流したりしましたけど、なんとかなりました。和田アキ子さんと喋った時に、アッコさんはホリプロを辞めたことがないって話になってね。デビューからずーっとホリプロ。「なぜ辞めなかったの？」って聞いたら、「よく言われるねん、辞めてたらマンション８棟くらい買えてたわ」って。それでも「一人じゃ何もできないから」とおっしゃってましたね。

　私の場合はとっても自由。でもその分しんどかった。人の裏側も見せつけられました。そんな50年でしたね。

父の影響で芸の道へ

「こころ晴天」リスナーにとって印象深くて、また話してくれるのではと期待してしまう上沼恵美子のエピソードといえば、新婚の頃の義母との逸話、別居後の夫との現在の話、そして幼少の「淡路島時代」のエピソードだろう。彼女を芸の道へと誘ったのは父親であることは有名だが、娘たちに夢を託し、白煙を上げながら疾走する父の軽トラックがありありと目に浮かんだリスナーも多いだろう。芸の道へと入った当時の話も伺った。

私、本当にかわいそうでね。ランドセルは紙製やったし。ほんまですよ（笑）。お姉ちゃんは6つ上で普通に皮製やったんですよ。初めての子やから。お兄ちゃんは4つ上で黒い皮でしたね。で、私は段ボールなんですよ。段ボールに赤い色を塗ってるやつ。土砂降りの時に学校へ行ったら、「えみちゃん、ランドセルどないしたん？」って言われたから見たら、溶けて無くなってたんです。いや、だから本当の話ですから。

小学1年生の初めての遠足も忘れられないです。お弁当がね、おにぎり2つだったんですよ、私だけ。

みんな楽しみにお弁当を広げてね、あちこちで鮮やかな玉子焼きとか入っててワーワー盛り上がってるところで、私は何が入ってるかな?と思って開けたら、おにぎり2つ。「あーあかん」と思って岩陰に隠れました。今でもその景色が浮かびますよ。1人黙々とおにぎりを食べましたね。家に帰って、お母ちゃんに怒ってね。私だけおにぎり2つやった!って。「でも美味しかったやろ?」って言うんです。いや、それは美味しいのは美味しいですよ。でもそういう問題じゃない。そこから母を信じなくなったんですよ。自分で弁当を作るようになりました。

もう何もかも自分でやれることはやりました。だから歌も歌ったんです。のど自慢大会に出て、うちの家の電化製品、家財道具は全部私の歌で稼いだものです。景品とか賞品で貰いました。

漫才は父にやらされました。毎日放送の「素人名人会」に姉妹漫才で出たらウケるんちゃうかって無理矢理教えられて。当時は西条凡児って方が司会でした。知らんでしょ?　それで最初は鐘3つやったかな?　でもすぐにまた出て名人賞を取るんですけどね。まあ「面白い」じゃなくて「珍しい」からね。

姉は高校を出て、役場に勤めたいって言ってましたね。田舎の子ですから普通のことでしょう。そしたら父が「夢がないな、お前は」と言ってました。いや、そんな女芸人なんて夢はありませんよ。今でこそM-1があって芸人になりたいという子も増えてるでしょうけど、当時は考えられなかった。ましてや女芸人なんて。

当時、秋田實さんという作家がいらっしゃって、そこへ父が関係ないのに長文の手紙で娘を芸人にさせたいと、弟子入りをお願いしまして。だったら女の師匠がいいだろうと、海原お浜のところへ姉が行くわけです、3年間ね。家の掃除をしたり、家具屋さんをやっていたので、錆びたワゴンを紙やすりで磨いたり。私も夏休みに手伝いに行ってましたわ。こんなのよく売るなと思いながら磨いてました（笑）。

お笑いの世界なんていうのは、当時は言ってみたら〝恥ずかしい世界〟でしたね。「笑われる」という感じです。よくそんな世界に父は我が子を率先して入れたなと思いますよ。お姉ちゃんは気の弱い、優しい人ですから、お父ちゃんの言うとおりになったんです。で、コンビも決まって、4月にデビューも決まってたんです。

そしたらその相方が逃げまして、しゃーないから私が行ったわけです。中学校1年生の春休みでした。13の子供ですよ。

舞台は名古屋の大須演芸場でした。お姉ちゃんは19歳。どっちも10代で名古屋に乗り込んで行ったわけです。かわいそうに。いや、ほんまにそう。今思えば涙出ますわ。できるなら今飛んでって、連れ戻したいですよ。お客さんも10人ぐらいしか入ってな

くて、狭くて汚くて暗い劇場でね。近くに大須観音というのがあって、舞台と舞台の合間にお姉ちゃんと行って「早く辞められますように」と手を合わしてました。「もうこんな思いはしたくありません」って。

そんな始まりでした。そこからもう50年ですよ。ようやってますわ。

ABCラジオとの深い縁

上沼恵美子とABCラジオとの関わりは古く、初めは千里万里時代の1975年、弱冠二十歳の頃。結婚、出産等で芸能界から離れていた時期を除けば、いつもABCラジオ・パーソナリティ陣の中に名を連ねていたと言ってよい。

最初はきっと「千里・万里のラジオ三面鏡」（★3）でしょうね。姉と一緒に原稿を読むような録音番組で、11時45分から昼までの帯でしたね。

その頃、お姉ちゃんと二人で京都・太秦に「銭形平次」の撮影に行ってまして。太秦のスタッフは床山さん、衣装さん、照明さんにしてもみなさん昔からの映画の方なんです。当時はテレビでもフィルムを回してましたからね。そのみなさんのほとんどが番組を聴いてくださってました。「あぁ三面鏡聴いてるよ」って。こっちはタイトルを縮めたこともないのに（笑）。一癖も二癖も

★3　正式名称は「千里・万里のラジオ三面鏡 秘密・ナイショにしてね」。1975年7月1日〜1977年4月2日放送。

★4　1977年に結婚。2年前の1975年に関西テレビの番組で担当Dであった上沼氏と知り合う（当時上沼は20歳）。

ある方々がみんな聴いてるＡＢＣはすごいなと。頑張らなあかん！って思ったことをすごく覚えてます。

それからほどなくして結婚（★4）してこの世界から離れてましたが、乾浩明さん（★5）に呼んでいただいて「歌謡曲ぶっつけ本番」（★6）という番組で復帰したんです。乾浩明さんと言ったら朝日放送を代表するアナウンサーで、直々に「えみちゃんがおもしろいから」と言っていただけて嬉しかったですね。アシスタントという形で木曜日に喋るようになったんです。乾さんはタレントさん以上の人気がありましたから。（番組中は）緊張してましたね。好きなようには喋れてなかったんちゃうかな。たまに他の番組にゲストで呼ばれて、のびのびやらしてもらって、ラジオってええなぁと思うようにはなってましたが。

ＡＢＣラジオは子どもの頃から馴染みがありました。やっぱり「ＡＢＣヤングリクエスト」（★7）は大好きで聴いておりました。ハガキでリクエストをするというすごい人気の番組で、奥村チヨさんが主題歌を歌ってはりましたね。何回もリクエストしましたよ。

ＡＢＣは歴史もあるし、その「ヤンリク」の印象もあるし、「関西では一番真面目で賢い局」というイメージです。悪い言葉でいうと「お堅い」印象。とにかくＮＨＫの次に堅くて賢い放送局。だから最初はやっぱりこちらも構えてましたけど、でも不思議と嫌な人はいなかった。こんな長いことやってたらどこの局でも嫌なスタッフに当たるんですけど、ＡＢＣはいないですね。戸谷さん、大好き（笑）。

「こころ晴天」は昔は月から木まで帯でやらしてもらってたんです。毎日楽しく2時間、佐川満

★5 1962年朝日放送に入社。ABCを代表するアナウンサー。「わいわいサタデー」「ワイドショー・プラスα」など人気テレビ番組に出演。

★6 1975年春〜1989年秋まで放送された月〜金の午後ワイド。乾浩明と上沼恵美子のコンビは1985〜1989年に木曜を担当。

★7 1966年春〜1986年秋放送。ご存じ「ヤンリク」。上沼恵美子が聴いていた時代は、道上洋三らがパーソナリティを担当していた。

男さんやみなさんとご一緒させていただいて、ほんと今と同じでフリートークで何を喋るわけでもないんですけども楽しかったです。上沼恵美子というものがあるとするならば、そこで基盤を築いたと言いますかね、基礎工事をしていただいた感じがしますね。

それでテレビの「おしゃべりクッキング」（★8）が始まりまして、同じ朝日放送のテレビとラジオで揉めたんです。あの時、ラジオの方がホテルプラザのロビーで「やめないでください！」って土下座までしてね。みなさんいるのに（笑）。それでテレビの方は「水曜日だけください」と。水曜日収録だったのでね。私は料理も楽しそうだなと思って朝日放送さんにお任せしたら、結局ラジオが「しゃーない」ということになったんでしょうか。水曜をテレビに渡してくれた。そんなこともありましたね。

東京のラジオとの違い

東京でもいくつかラジオをやらせてもらいました。ＴＢＳラジオ、文化放送でレギュラーを持ってました。東京と大阪は５００キロ離れてますけど、昔はホントに大きな壁と言いますか、その距離以上に遠い存在でしたね。さんまさんのおかげで関西弁も広まって、今はもうほとんど差もなくなって、逆に東京の方が大事にしてくれます（笑）。

東京のラジオはね、ほとんどが原稿を読む形でした。「こんにちは、海原万里です。千里です。

★8　1995年4月スタート。2022年4月まで27年続いたABCテレビの人気料理番組。

「こころ晴天」で“上沼恵美子”の基盤を築いていただきました。

今日はいい天気やね」って書いてある。やりづらい！「大阪のラジオはフリートークって聞くけどよくやれるよね」って東京の方から言われるんですけど、こっちからしたら「よく原稿読めるね」ですわ。

自分自身の言葉で、血が通った会話ができるのがラジオだと思ってます。だから大阪の芸人さんの強みっていうのは自由に喋れるラジオがあるからだと思うんですね。これは昔からそうです。

上沼恵美子の「これから」

２０２３年現在、レギュラー番組は「こころ晴天」のほかはテレビ番組１本と整理。その一方で、ユーチューブに自身のチャンネルを開設し動画を公開したり、全国ネットの番組にゲスト出演しては大きな話題をさらったりと、彼女自身が喩えた言葉を借りるなら「ますます自由に空を飛んでいる状態」だと言える。ラジオも含め、上沼恵美子の「これから」はどういうビジョンなのだろうか？

いつまでやろうとかはないんですけど、2年前くらいにぜんぶ辞めようと思って、そんな支度もしていたんです。ありがたいことに戸谷さん、ＡＢＣラジオさんにも「続けてくれ」と言われまして、まあ贅沢言うたらあかんと思いまして、やらせてもらってます。

変なことを言いますとね、一生食べていく財はありますし、おかげ様で大きな病気を抱えてるわけでもありません。そういう状態ですから、うちの主人なんかは「趣味、趣味」言うて、いろんなことをやってます。私は…決して仕事は趣味でやっているわけではないですよ。ですけど、素敵なカルチャーセンター、と言うと大変失礼ですが、ありがたいステージやと思ってやってます。

実際、しんどいんですよ。そりゃ仕事ですからしんどい思いをするのは当然です。でも黒柳徹子さんにも、亡くなりましたけど（瀬戸内）寂聴さんにもお会いできましたし、そういう方とお目にかかれるのも（仕事を）やってるからやって、そういうふうに切り替えました。

刺激的ですよ。どんなエステサロンより活性化されます。パックするより、血行が良くなって帰ってきます。

万博公園が人で埋め尽くされた！伝説の「ABCラジオまつり2019」

4年前ですか。万博記念公園のいろんなところで催しをやっているから集まるんかなと思ってましたが、始まったら（メインステージ前が）人でいっぱいで。私、イケてるんや思いましたね。

この後コロナ禍になるわけで、3年間コンサートをやらなかったからお客さんと交わってないんですよ。だから余計に印象深いです。（上沼恵美子）

万博記念公園で行われた「ABCラジオまつり2019」。新曲を披露するなど上沼恵美子のステージで最高潮に。当日は3万5千人が集まった。

ユーチューブ（★9）もやっていまして、見てくれているのは50代～70代の女性が中心らしいんです。それを言われたとき「悪かったな！　高齢女性しかいなくて」と思ったんですけど、ユーチューブでその層が見るのは珍しいことらしいんです。それは嬉しかったですね。

ユーチューブはね、あるとき「何していいかわからへんけどずっと喋っていたいわ」って息子に言ったんです。壁に向かってでもずっと喋ってたいって（笑）。そしたら「スマホに向かって喋ってみたら」と言ってくれて、そこから動き出したんですね。ところが落とし穴があったんです。〝何回見てもらった〟という数字がバッチリ出るって知らなかった。やっと視聴率から解放されたというのに、再生回数が出るという…。あれなかったらええのにね。

たくさん見てくださっているから良いじゃないかって話ですけど、やっぱり嫌なんです。数字に追われてきた人間なので。おまけに批判されたり、好きなことを言いますからね。無料なのに見るな！って思います（笑）。

ラジオのリスナーさんは、そのあたりプロですよ。聴き方がちゃんとされてる。耳がプロ。良いことも悪いこともちゃんと吟味して伝えてくださる。そして、本を出したり、CDを出したり、コンサートをやったりしても、必ず買って下さるし、来て下さる。信用できるんです。

ラジオはマイク一つで成立するというのが最高ですよね。その代わり自分の力量はすぐにわかってしまいます。だから私はテンポが鈍くなったら終わりやなと思っています。

元々がゆっくりしていたら良いのでしょうけど、私には無理なんですよね。早口というのではなくて、これが私のテンポだと思ってますし、これがなくなったらもう終わりやなって思うんです。

★9 上沼恵美子ちゃんねる
（https://www.youtube.com/@Emiko.Kaminuma/）

歌手の人を見てても「声出てないなぁ」とよく思いますよね、それと一緒。天童よしみさんぐらいですよ、今も変わらず声量あるのは。バリバリですよ。

シャンプーハットのてっちゃんがＮＧＫの楽屋で私と同世代の方々と喋る時は「お年寄りに喋るように喋ってます」と言っていたんですけど、「上沼さんと喋るときは自分が置いてかれないように喋ってます」と嬉しいことを言ってくれました。だからもうちょっと頑張ろうかな。

（仕事をするのは）刺激的ですよ。どんなエステサロンより活性化されます。

桑原征平 粋も甘いも

水曜12:00 〜 15:00
Mail suiama@abc1008.com

征平・吉弥の土曜も全開!!

土曜10:00 〜 12:00
Mail zen@abc1008.com

パーソナリティ、かく語りき ❷

桑原征平

くわばら しょうへい

1944年5月14日・京都市生まれ。小学校の頃から水泳が得意で、高校時代はバタフライの選手として活躍。成城大学時代は水球部の選手、卒業後も社会人選手として活躍する。1969年、関西テレビ放送に中途採用。アナウンサーとしての活動を開始。バラエティ番組や全国ネットのワイドショー「ハイ！土曜日です」の『征平の挑戦』で全国的な人気となり、1985年からは2年間、フジテレビに出向し「おはよう！ナイスディ」のキャスターを務める。その後も「土曜大好き！830」を10年にわたって担当。2004年の定年退職後、ABCラジオのパーソナリティに。担当の「桑原征平 粋も甘いも」（2004年〜）、「征平・吉弥の土曜も全開！」（2007年〜）はどちらも長寿番組。

インタビュー・文｜河野虎太郎　写真｜梅田庸介

ABCラジオを死に場所と決めてる。
操を捧げてるんや。

「20年目かぁ」。取材の冒頭で桑原は言った。関西テレビのアナウンサーとして様々な番組に出演してきた桑原だったが、ひとつの番組を20年にわたって続けてきたのは初めてだ。しかもそれまではほぼ経験がなかったラジオの世界。そこには多くの出会いがあり、その出会いが様々な企画を生み出した。79歳、貪欲に動き、マイクの前で喋り続ける桑原征平の「ABCラジオ人生」に迫った。

「交渉成立」までは丸1日

２００４年の５月でしたわ。関西テレビ（※以下、カンテレ）の定年退職直前に、いきなりＡＢＣの方から局に電話がかかってきたんです。テレビ番組の司会の話でした。「征平さん、今度お会いしたいんです」「なんですねん？」「私、ＡＢＣテレビの番組やってまして、定年後、何しはる予定ですか？」「いや､何も決まってない」「テレビの司会やりませんか？」って内容やった。でも「ごめん。俺はカンテレでいろいろなことがあって…連帯保証人になってしもうて家も金も全部なくなって、でも、カンテレの社長が『定年後も5年間給料を出したる』と言ってくれたので、よその局は出られへんねん」って答えたんです。

実はその依頼の前に、テレビ大阪で宮根誠司と2人でやる番組（★1）が決まっていたんです。だからカンテレからは「その番組だけはやっていいけど、新たな番組は受けないでほしい」と言われていた。そこにABCから話が来たわけです。

そしたら、そのディレクターが話を切り替えて「ウチ、ラジオもあるんです。ラジオはどうですか？」って言うんですわ。定年後の契約に、ラジオ番組出演に関することは何も書かれてなかった。

だから翌日には、梅田のホテルのロビーで待ち合わせて、食事に行って、話がトントン拍子に進んだ。「今はプロ野球のシーズンだけど、野球のない月曜日に番組やりませんか？」「やりましょう」…ここまでで丸1日ですわ（笑）。

ワシとしては、テレビには定年後も出たいけど、カンテレでは使ってくれる番組はないし、他局も出たらあかんという状況。そこにラジオの話が来た。その時は、ABCラジオの話と、大阪芸術大学の先生の話があって、テレビ局のアナウンサーからしたらまったく違う世界に飛び込むことになったんです。これで俺もゼロからのスタート、なんとか食っていけるなと。カンテレの定年退職の日が2004年5月14日。そこから1ヶ月経たない6月7日・月曜日には「桑原征平

★1　「征平・宮根のヨソ様の事情」（2005年4～9月）。次のクールは「征平・宮根のクチコミぃ!?」となる。

粋も甘いも」がスタートしました。

打ち合わせなしの第1回で、鉄板の「連帯保証人」話

テレビの司会者を経験してきた桑原にとっては、進行表1枚で番組が作られるラジオの世界は異様そのものだった。しかし、1回目の放送から、今でも「粋甘（すいあま）」で折に触れて話が出る、自身の借金連帯保証人のことを話し出した。それはまさに「ラジオパーソナリティ」そのものだった。

1回目の放送、打ち合わせも何もあらへん。「好きなことを喋ってもろたら結構です。台本は一応作っときます」と言われて、でもその台本も見たら『お好きなことをどうぞ』としか書いてへん（笑）。進行表みたいなもんで、それもコピー用紙。テレビの分厚い台本とは全然ちゃうねん。「こんなんでええのかいな」って思いました。相棒は永田まりちゃん（★2）。スタッフが「このおばちゃんよぉ喋りますから」って連れてきた。本当に手ぶらでABCに来て「粋も甘いも」は始まってしまいました。

最初は1時間番組。でも、こんな楽な仕事ないで！という感じでした。しかも1回目の放送終わったら「おもろい」と。当時の板井（昭浩）プロデューサーが「これで、大阪のラジオは変わります！」って言うてくれて…いっこも変わってまへんけどな（笑）。

★2　番組開始から2021年9月までアシスタントを務めた。モータースポーツのA級ライセンスも持つ。

借金の保証人の話も、打ち合わせせずに喋りました。ガラスの向こうのスタッフもビックリしていました。「でも、ラジオで喋る機会をいただけた。捨てる神あれば拾う神や、ホンマにありがたい」って。その頃は、もうすっからかんになっていて、そこまで3年間で一応ある程度の額を払ってはいたんやけど…でも全然足らんのですよ。億単位の借金が残っている。せやけどその3年の払い方が物凄いまじめやったんで、銀行が「これで結構です。ホンマに一生懸命返済してはった…ところで征平さん、これからウチの銀行にも講演で来てくれませんか」って（笑）。

放送は相当インパクトがあったんやろね。これで講演がまたいっぱい殺到した。内容はぜんぶ借金の話（笑）。言うたら借金の話がスタートダッシュに役立ったんですわ。

テレビ単営局のアナウンサーだった桑原だが、実は以前にもラジオのレギュラー番組を持ったことがある。「何の準備もなくABCに来た」と語ってはいたが、そこにはかつての仕事で得た経験が、ひとつの勝算につながっていたのだ。

カンテレ時代、ラジオ大阪（OBC）とのアナウンサーの『交換留学』があって、OBCからは先輩の水本貴士アナウンサーが、カンテレで午前中のワイドショーの司会をやることになりました。

で、ワシは週1回、梅田の阪神百貨店のサテライトスタジオで生放送の昼ワイド「バンザイ！歌謡曲」を、浅川美智子とやりました。他の曜日は笑福亭鶴瓶に上岡龍太郎。ハガキを読んで、曲紹介して、楽な仕事やと思ってやってたんですが、ディレクターから「上岡さんや鶴瓶さんの日は、曲の間もお客さんがガラスの前から動かない。あなたの放送は曲が始まったら、お客さんが離れていく。そうならないように喋りなさい」って厳しく言われたんです。それでいろいろ考えて。スタジオ前の信号でタクシーが止まると「今、ＯＢＣ聴いてる人は、手を上げてください！」とかやりましたね。

担当したのは1年でしたけど、最後のほうは、まあまあ結構お客さんも残るようになってきた。せやけど、鶴瓶・上岡のラインには到底届かんかったね。

当時、カンテレのアナウンサーからしたら「ラジオ？　そんなん誰がやるねん？」という感じでした。ワシは暇やったのもあるんやけど「行きますわ」って答えて、1年間喋ったわけです。それからだいぶ経ってからは、後輩のうめじゅん（梅田淳）もヤマヒロ（山本浩之）も、あと読売テレビを定年退職した森ちゃん（森たけし）も、みんなテレビ単営局を出て、ラジオをやっていますな。時代が変わったんやろね。

スタッフ、時間の感覚…こんなに違ったテレビとラジオ

局アナ時代の桑原にとって、放送で喋る仕事とは「人を紹介し、人の話を聞く仕事」であった。ラジオパーソナリティになって20年、同じ喋ることでも大きな違いがあるという。

借金の話がスタートダッシュに役立ったんですわ。

時間の縛り、これはテレビとラジオの大きな違いやね。5分喋る予定が、盛り上がったら「10分喋ってもかまいません」ってやらせてもらえるんやから。「ええなぁ！ラジオは！」と思いました。

テレビの場合「1分40秒で締めてください」で、5秒でも押したらスタッフは大騒ぎ。それでも大阪はよかった。1985年から2年間、東京のフジテレビに出向して「おはよう！ナイスデイ」の司会をやってた時なんかは、タイムキーパーが「38秒で」とか言うてくる。秒単位や。ワシが担当したコーナーでもゲストを呼んで、そこでちょっと自分のことを喋ると、スタッフから「征平さん、ゲストの話が中心です。あんたの話は長すぎる」と来る。そういう意味では、60歳までの36年間では、人に喋ってもらうことが仕事やったんです。

それでＡＢＣに来たけど、カンテレのアナウンサーとは全然違いますな。ＡＢＣはエリート、標準語をしっかり使う。カンテレは個性の塊（笑）。競馬中継専門の杉本清さんとか、関西弁しか喋れないワシみたいなのとか。なんせ、当時仕事をした番組のプロデューサーは「標準語なんかちゃらちゃら喋ったらしばくぞ！」って（笑）。でも「お前のやることは、ぜんぶ俺がカバーするわ！」と言って、守ってくれましたよ。

今の「粋甘」のスタッフとは、また違ったよい関係が作れています。テレビの現場は若い時から仕事をしていたから、自分より歳上ばかり。番組が終わって「帰ります」言うても「おい、帰るの早いねん」って言われて、会社にだらだらといつも残ってました。

でも今は、スタッフはみんな年下ですわ。その日の放送が終わったら、みんなも他の仕事があるやろし、煙たいオッサンが居座っても迷惑や。プロデューサーの奥ちゃん（奥川和昭Ｐ）も「お疲れさまでした」って見送ってくれる。ラジオのプロたちと、べったりでない関係が築けていると思います。

それに構成作家の柳田光司さん（★３）。この人はもう尊敬です。ワシにいろんなテーマを与えてくれる。それを自分の人生のエピソードを味付けして話せばええねん。今年発売した「日めくり金言カレンダー」（★４）は、これまで私が言ったことを柳田さんが全部メモしてくれて、それをまとめて当てはめてくれた。忘れていたことが多かったけど、ええもんにしてくれた。ほんまに夢にも思ってなかったようなことを、スタッフは形にしてくれます。

番組でお世話になっているスポンサーもね、ワシがお世話になったり、そこの商品を使った会

★３　構成作家。京都を行脚するテレビ番組でもお馴染み。昭和のお笑い・演芸に造詣が深い。

★４　2023年2月に発売。

「粋も甘いも」オンエア風景。この日のパートナーは小寺右子アナウンサー。

社などにも何社か入ってもろうてます。酒問屋時代（★5）は「1日100軒、酒屋を回れ！」なんて言われていました。でもテレビ局に入ってアナウンサーになったら、もちろんスポンサーとのお付き合いはあったけど、自分がスポンサーを探すことはまずあらへん。せやけど、ABCでラジオを始めてからは、自分のプライベートとスポンサーが結びついてます。だからほんまに推薦できるところなんです。自分の体験や経験が実になっていると思ってます。

親戚のようなリスナーたち

「粋甘」の放送では、一度聴いただけはわからない固有名詞が数多登場する。学生時代の同級生、テレビ局時代の先輩や後輩、そして桑原の家族や身内である。そうした名前を桑原は躊躇

★5 大学卒業後、大阪市内の酒問屋の営業社員として働いていた。

なく出すことで、リスナーは桑原の周辺人物でさえも、自分の身内のように感じてしまう。

　プライベートをさらけ出して喋ってるでしょ。家族のことも。だからリスナーは孫の名前も当然知っている。親戚と一緒やね。

　娘がまだ東京で暮らしていた時に、夏休みに孫を連れて大阪に帰ってくる。こっちは迎えに行くために伊丹空港の出口で待っとったら、横で兄ちゃんがワシを見てるんやけど、声はかけてこない。でも、孫が出てきてワシに「おじいちゃん！」って声をかけたら、その兄ちゃんが「君が有馬くんか！　君が六甲くんか！」って…「粋甘」のリスナーやった（笑）。孫からしたら、このお兄さんはどうしてボクの名前知ってるの？と思ったやろね。

　公開放送やラジオまつりの時もそうやね。車で来ないと持って帰れないくらいのプレゼントをいただく。いつだったか、公開放送をやる少し前に、放送で「ぼんち揚げが好き」って言うたもんやから、お菓子屋さんができるんちゃうかくらい、ぼんち揚げを手渡されました。

「粋甘」リスナーの「聖地」、天満のイタリアン『シレーナ』（★6）もそうやね。もともとは関西テレビの旧社屋（西天満）のすぐそばにあって、週何日も通っていた店。で、カンテレが1997年に扇町に移転して、今の場所に移ってきた。リスナーは、ワシが何十年も食べている「メランザーネ」（茄子の辛口パスタ）を食べて、リスナーが自由に書ける「すいあまノート」（★7）に『来たよ！』って書いてくれる。それも関西だけでなく、出張や旅行で大阪に来た遠方のリスナーも書いてくれてますわ。

★6　イタリアンレストラン「シレーナ」。

★7　すいあまノート。

大人気の少年「ノグチくん」と、土曜朝の「見送り」

コロナ禍の間は『テレワーク放送』言うて、自宅から番組に出演していました。で、昼間やから家には孫の同級生が遊びに来てたりするんです。その同級生に「ノグチくん」というのがおって、ワシが喋ってるデスクの足元でずっと聴いてるんですわ。それで3時に放送が終わったら「おじちゃんの放送、よかったです」って（笑）。それで「何かすることありますか？」って聞くから『夕刊』をとってきてくれって頼んだんですわ。そしたら、手に丸いものを持って戻ってきた。「持ってきました！」。「お前それ『いよかん』やぞ」って…ホンマの話でっせ（笑）。

この話を放送でしたら、いろんなところでリスナーがワシに「ノグチくんに会いたい！」って（笑）。5人6人の話ちゃいまっせ。みんな、ちょっとした話で盛り上がってくれるのは嬉しいことですし、みんなとことん聴いてくれているのがわかります。ディープやね。

「征平・吉弥の土曜は全開!!」のある土曜日は、芦屋から決まった時間に電車に乗ってABCに向かうんやけど、その時に駅までの数分だけ、必ず一緒に歩くリスナーがいまして。祝くんって人なんやけど、彼は別にプレゼントを手渡してくれるとかでもなく、なんとなく近況というか、世間話をして駅の改札まで一緒に歩いて「いってらっしゃい！」と送り出してくれる。

彼は配送の仕事をしていたんやけど、家庭の事情で長距離ドライバーの仕事に就いたので、最近はなかなか会えなかった。でも、たまに土曜の朝に休みがとれたって、わざわざ神戸から顔を見せに来てくれる。ホンマにただそれだけの関係なんですけど、こういうのはテレビのアナウンサーをやっていたら絶対にないことやったと思うわ。

テレビ「卒業」の決断と真意

ＡＢＣラジオに登場して以来、桑原は番組を通じて大勢のリスナーと向き合い、様々なイベントにも登場。２０１２年には番組と桑原のあゆみを記録した本『３０１９ 桑原征平』を出版するなど、ますますＡＢＣラジオのパーソナリティとして定着していった。そして２０１３年、古巣・関西テレビの特番に出演した桑原は突然「もうテレビには出ない」と宣言。翌日のネットニュースでも大きく報じられた。

もうテレビに出るのがわずらわしくなってきたんです。髪が薄くなったとか見た目のこともありますが、それこそ、局アナの頃からずっと「全国指名手配」みたいな状態で、それはまぁしゃあないことやったんですけど。家族と一緒に店に入って、素うどん食べていたら「あの人、素うどん食べてるで」、回数券を使ってバスに乗っていたら「回数券使うんや」って、そらサラリーマンやから使うがな（笑）。

でも、一番の理由はＡＢＣラジオという居場所というか、死に場所ができたからですよね。フリーになった頃は、他のラジオ局…東京の局からも番組出演の声はかかりましたが、今は、ＡＢＣに操を捧げています。

不思議なものでテレビの視聴者は、なぜかコソコソと「桑原征平や…」と言うんですよね。電車の中でも街を歩いていても、せいぜい会釈をする程度。でも、ラジオのリスナーは違いますわ。「なぁ！征平さん！」って、ホンマにワシを親戚か、近所のおっちゃんと思ってくれている。

「死に場所」でまさかの生前葬

テレビ番組で「ＡＢＣラジオという死に場所を見つけた」って言うたんやけど、２０１９年にホンマに「生前葬」をやるとはね（笑）。スタッフが「おもろいですよ」と提案してくれた話でしたが、最初は「こんなん、ウチの親が生きてたら怒るで」って言うてたんやけど（笑）、まぁワシもそれに乗っかってみました。

「葬儀会場」は、尼崎のアルカイックホール。昼夜2回公演のイベントにして、それこそ「参列者」言うて、道上さんからミヨちゃん、桂吉弥…ＡＢＣラジオのパーソナリティがみんな駆けつけて、元・カンテレ組は、古吟勲一プロデューサーに後輩アナウンサーの馬場鉄志、梅田淳、山本浩之も来てもらって、西川きよしもよぉ喋ってましたな。ＶＴＲは川中美幸に天童よしみ…。チケットを「香典」として、リスナーに買っていただいて来てもらう形やったけど、それも完売。開催後には特番にもしてもらった。

「葬儀」やから棺桶がありますわな。これに入ったんやけど、これが100万円もする最高級のもので……何が「最高級」なのかって？　もうね、私が寝るところに敷かれている畳、これがちゃうねん。最高級のイ草を使っていてええ匂い（笑）。それでまた蓋がすごいねん。全部軽い桐でできていて、楕円形の棺。そのカーブをつくるのが十何枚の板を重ねて、さらにゴブラン織でできた布があしらわれていて、作るにも大変なものらしいですわ。そこにワシが寝て、棺桶の蓋を閉めるという演出のときに、その蓋が目の上に当たってね…その3日前に白内障の手術をしたばっかりで、慌てて翌日、眼科行きましたわ（笑）。

せやけど番組で「生前葬」をやってもらった、それもリスナーにまで来てもらったパーソナリティなんて、おらんやろなぁ（笑）。

「おっさん、何しとんねん！」桂吉弥とのいい関係

「粋甘」の時は、放送で喋るメモを作って、生放送に臨んでますが「征平・吉弥の土曜は全開!!」は、もう手ぶら。何の準備もせぇへん。吉弥の前に座るだけ。これはハッキリ分けていますし、何より吉弥がよぉまとめてくれる。彼の父親とワシは同い年なんですよ。せやから彼からしたら「尊

敬のない父親」（笑）…なんでやねんって思うけど、実際放送でも「おっさん、何しとんねん！」「アホか！」とか言われています。聴いている人も大勢いらっしゃるようで、ありがたいですわ。「粋甘」では永田まり、小川恵理子（★8）。そして他の番組では高野あさお（★9）といった個性あふれる女性陣と楽しく喋ってきました。今は小寺右子、橋詰優子の2人が交代で相手をしてくれている（★10）。2人はやっぱりアナウンサーやから「この年代やったら放送に出る以外で、普段はこんな仕事をしてるやろな」とか、会社員としての部分もわかるんですわ。例えば、若いアナウンサーの育成とかですね。彼女たちも先輩のおっさんがまだ頑張ってるって思ってくれてるみたいやから、そういう意味でも喋りやすい相手やね。

自分が見聞きしてきたことだから、ラジオで喋れる

幼い頃の厳しい家庭環境、学生時代の仲間や局アナ時代の驚愕のエピソード。日々の一挙手一投足を、まさに「喋り倒して」きた桑原に、「まだ喋ってないこと」はあるのだろうか。

そんなもん、今日これから起きる出来事や。いくらでも喋れます。この取材だってそうや（笑）。今までの人生は全部さらけ出していますけど、ここから、来週の「粋甘」が始まるまでに起きたことを喋れるし、どんなことが起きるかわからない。通っているプール、いつも歩くＡＢＣの近

★8　「粋甘」が2曜日時代の2010年4月～2021年9月まで水曜アシスタントを務めた。

★9　ショッピング番組「征平・あさおのどす恋ラジオ」（2012年4月～2021年9月）で共演。

★10　「Wゆうこ」体制になったのは2021年10月から。

くの商店街、行き帰りの電車…いろんな場所でいろんなことがありますわ。

　昔の話もそうやけど、自分が経験したことはリアルに喋れる。もちろん、今のウクライナや政治のニュースもあるけど、それは新聞を読み込んでいるだけの話。せやけど、ワイドショーの頃の、暴力団取材や芸能人のスキャンダル…今はそんなんテレビもやらんけど、当時ワシは最前線に行かせてもらったから話ができる。そういう意味では商店街やプールで会った人の話と同じなんです。ぜんぶ自分が見て聞いてきたこと。だから楽しく喋れる。

　プールでっか？　今日もこのあと行きますよ。せやけどプール行くのも実は憂鬱でね（笑）。ワシはタイム測って全力で泳ぐんやけど、やっぱりプールに行くほとんどの人はゆっくり泳いだり、水中ウォーキングで来て、体力維持のために来る人がほとんどなんです。みんな自分のノルマや、あれは（笑）。せやけど自分も心肺機能を維持するためやし、みんなも泳いだ後は気持ちよく帰る。あの爽快感のために来てる人ばっかりや。だいたい平日に３日行って、あとは土曜日。行くのは早朝か、プールの閉館前の夜９時半です。あとは滑舌と早口言葉、舌を鼻にくっつける運動を繰り返しやっています。これが喋るための基本運動なんです。ただこれ、プールでやってると人に見られて「いやらしいわ、あの人！」って言われてまう（笑）。

　ワシ、孫が大学出るまでは働かなあかんねん（笑）。でも、こんなジジィをね、いつまで局が使ってくれるかわからへん。ＡＢＣでももう最高齢の喋り手や。次の改編は乗り越えられるかな（笑）。いや、そのために、まずは健康でいないとあかんって思ってます。

ラジオのリスナーは
ワシを親戚か、近所のおっちゃんと
思ってくれている。

ドッキリ！ハッキリ！三代澤康司です

月～木曜 9:00 ～ 12:00
Mail　miyo@abc1008.com

パーソナリティ、かく語りき ❸

三代澤康司
みよさわ　やすし

〝見えないラジオ〟の魅力をキープしたい。

1960年4月14日生まれ。1984年、朝日放送入社。テレビ「ヤングプラザ」「You ごはんまだ？」「おはよう朝日です」「おはよう朝日・土曜日です」、ラジオは1987年から「ABCラジオファンキーズ」が初レギュラー。以降「ABCラジオシティ」「パノラマ大放送」「こころ晴天」「スラスラ水曜日」「ラジオわろうてい」「上方落語をきく会」などに出演。1994年からは10年間、テレビ「ワイドABCDE～す」に出演し、ABC夕方の顔を務める。2023年現在出演中の「ドッキリ！ハッキリ！三代澤康司です」（ドキハキ）は2004年10月に週1回・土曜日の番組としてスタート。2009年7月からは帯番組に。2021年に定年退職後もフリーとなった後も「ドキハキ」に出演。「思いつき」と「いっちょかみ」の帝王と呼ばれる。面白いと思ったらすぐに行動する60代。

インタビュー・文｜河野虎太郎　写真｜梅田庸介

L.L.Bean

「ホンマ・ミーア！」──午前９時に響き渡る声。朝日放送アナウンサーとして37年間勤め上げ、その後はフリーアナウンサーとして、マイクの前に座る三代澤は、ラジオの過去と今を知り、未来を見据えている。そしてＡＢＣラジオが築いてきた歴史を知る人物でもある。ラジオもテレビも知り尽くした三代澤康司の「放送人生」に迫る。

いつもラジオが聴こえる家だった

ラジオとの付き合いは小学校の時からといいますか、実家は当時ラジオがずっと台所でついているような家で、朝は「おはようパーソナリティ　中村鋭一です」（★1）を、台所で母や祖母が聴いていました。小学校５年生の時に小さいトランジスタラジオを買ってもらって、局も関係なく、

★1　朝日放送の第１期アナウンサー中村鋭一の朝ワイド。詳しくはP230参照。

面白そうなものを聴いてました。で、中学生ぐらいになると、深夜放送を聴くようになって「ABCヤングリクエスト（ヤンリク）」とか「MBSヤングタウン（ヤンタン）」を聴いて、それから高校生になると「オールナイトニッポン」を聴いていました。

当時はクラス全員が深夜放送を聴いていた時代で、同級生であだ名が「ケンイチ」っていうやつがおったんですけども、彼の本名は「ケンイチ」じゃないんです。なんでそのあだ名かっていうと、模擬試験をやったら奈良県で一番の成績だから「ケンイチ」。しかもラジオを一番聴いてるんですよ。そんな成績やのになんでラジオをそんなに聴けるんや？って聞いたら、「ラジオ聴かなかったら勉強しすぎる」って言うんです。わけがわからん世界があるんですよね（笑）。

角淳一、久米宏、乾龍介…憧れたアナウンサーたち

「ヤンタン」を聴いていたので、MBSの角淳一さんが面白かった。最初に憧れたラジオパーソナリティですね。当時はインターネットも何もないですから、「ヤンタン」の本を買いました。「この人、こんな顔してるんや！」って（笑）。久米宏さんは、TBSのアナウンサー時代でかっこよかった。「ザ・ベストテン」や「ぴったし カン・カン」が始まった頃ですね。TBSは久米さんと同期の小島一慶（★2）さんもすごい方やと思いました。「ラジオマンガ」という番組があって、声優の内海賢二さんたちがラジオドラマをやっていて、その番組のナレーターをやってはったの

★2　元TBSアナウンサー。1968年入社。ラジオは「パックインミュージック」や「一慶・美雄の夜はともだち」などを担当。軽妙な語り口が特徴。2020年没。

が一慶さん。テンポよく喋ってたのがかっこよかった。いろんなタイプの方に憧れました。

あ、他局ばかり言うてますが、朝日放送のアナウンサーももちろんいますよ（笑）。母親が聴いていた中村鋭一さんや、乾龍介さん（★3）です。龍介さんはラジオでは夕方の「おしゃべり横丁ＡＢＣ」（★4）や、土曜日のワイド番組をやっていて、そのお喋りがものすごく流暢で心地よくて「すっごいなぁ」と思っていました。

朝日放送にはその頃、龍介さんと浩明さん、２人の乾姓のアナウンサーがいました。乾浩明さんはテレビのワイドショーやクイズ番組などで個性の強い司会が人気でしたが、龍介さんはとにかく無駄のない標準語が特徴で、私、ＡＢＣに入社して初めて龍介さんが関西出身だということを知りました。今でもラジオ（★5）で映画紹介をやってらっしゃいますが、映画や小説の紹介の仕方が立て板に水なんです。久米さんとの喋り方にも似てるし、私には全くできないスタイルなんです。久米さん、一慶さん、龍介さん…今の浦川（泰幸）さんもその線ですよね。あんな喋り方はできないですね。私は、いつもねちゃ〜っとしてますから。

1回、大阪弁でニュースを読んでみる

「学園祭の前日のような雰囲気が３６５日味わえる」と感じ、放送業界を志した三代澤は１９８４（昭和59）年アナウンサーとして朝日放送に入社する。関西に生まれ育った三代澤にとって、

★3　元朝日放送アナウンサー。1969年入社。ラジオは「ABCヤングリクエスト」「東西南北 龍介がゆく」など、テレビは「おは朝」初代司会などを務める。

★4　1975〜1979年放送。月〜金曜16時からの1時間番組で、サブタイトルが「花と龍介 60分」。乾龍介のパートナーは唐川満知子が務めた。

★5　コミュニティFM局・ならどっとFM「乾龍介のきらくにキネマ」のこと。

アナウンサーの道具ともいえる「標準語」をどう使いこなしていくかが、課題のひとつだった。

入社した時、いや、アナウンサー試験を受けている時も今のような感じで喋っていたんですよ。アナウンサーを目指しているくせにね（笑）。面接では「標準語はできるの?」って言われたから「できません」と素直に答えてました。当然「じゃあ、ダメだね」となるわけですが、なぜかＡＢＣは通ったんです（笑）。

アナウンサーなので、ニュースを読む仕事があります。これはさすがの私でも標準語です。下読みをしていると、横にいるニュースデスクから「違う」ってアクセントをしょっちゅう直される。だから、アクセントを間違えないことだけに集中して下読みをします。それで5分前ぐらいにスタジオに入って今度は、そのニュースをぜんぶ大阪弁のイントーネーションで読むんです。それでやっと、ニュースの中身が入ってくるんです。で、本番はまた標準語のアクセントでニュースを読む。そんなことをしていましたね。それぐらい普段は、大阪弁で喋っていたんですよ。

看板番組「ＡＢＣヤングリクエスト」

当時のＡＢＣラジオは、深夜に「ＡＢＣヤングリクエスト（ヤンリク）」が放送されていました。男性アナウンサーと女性タレントのコンビで、１９６６（昭和41）年４月から20年６か月続いた

「ヤンリク」はABCアナウンサーにとって憧れ、目標の番組でした。

番組なんですが、私はヤンリクを担当させてもらえなかったんです。

ヤンリクは、番組開始の頃から「アナウンサーは必ず標準語を使う」「ぞんざいな言葉は使わない」「です・ますを使う」とか、厳しい決まりがあって、当初は『社内オーディション』まであったんです。私の時代にはなかったですけど、昔はこれに合格しないとヤンリクは担当させてもらえなかった。亡くなった先輩のアベロクさん（★6）は、ヤンリクがやりたくて仕方なくて、何回もオーディションを受けたけど、結局担当できなかったという逸話があります。私らからすれば、あれだけフリートークの上手いアナウンサーだから、それでもええやろって思います

★6　安部憲幸氏の愛称。野球中継、特に近鉄バファローズの実況で有名なアナウンサー（1970年入社）。ラジオでは「安部憲幸のアベ9ジラ」（1995-1999）などを担当。2017年没。

けどね。それくらい厳格だったわけです。

ＡＢＣのアナウンサーにとっては憧れ、目標の番組です。それはやっぱりヤンリクの第１回で、第一声を発したのが道上洋三さんだったからなんですよね。文字通りの看板番組。で、私の１年先輩の高柳謙一さんがやってはったんで「次は俺か？」と思ってましたけどお声がかからず、結局１年後輩の伊藤史隆さんが担当しました。「やっぱあかんか」って妙に納得しました（笑）。

なぜか東京で深夜に公開生放送⁉

ＡＢＣラジオの一時代を築いた「ヤンリク」は、１９８６年秋に幕を下ろす。深夜ラジオを聴いて育った三代澤に、その時間帯の出番がやってきたのは1年後。しかし、その番組は、今となっては想像を超える規模の5時間半の生放送だった。

私は「ヤンリクは続けたほうがよかったのになぁ」と思ってましたけど、まぁ時代に合わなかったとか、そういうことがあるんでしょう。１９８６年の秋に、お笑いタレントや歌手の方が登場する「ＡＢＣラジオジラ」が始まり、１９８７年秋に「ＡＢＣラジオファンキーズ」（★7）にリニューアルします。若い人向けの番組が様々変わる中で初めて、私のラジオ番組のレギュラーが始まりました。

★7　1987年10月～1988年10月まで、23時30分から生放送されていた番組。キッチュ（松尾貴史）や大岩堅一&楠淳生アナなどが担当。

「ラジオファンキーズ」は、夜11時半から深夜3時までの放送なんですが、私の担当の金曜日だけは、朝5時までの『金曜スペシャル』と題して、東京と大阪で隔週の公開生放送をやっていたんです。深夜に5時間半ですよ！　大阪は心斎橋筋2丁目劇場で、お笑いコンビの「どんきほーて」が出演して、東京は新宿のコメディシアターで、当時売り出し中の「圭修」と一緒にやっていました。ラジコもない時代に、関西だけで流れるラジオ番組を東京で公開生放送…だいぶ実験的ですよね。だから、関西出身で東京の大学に通う学生さんに集まってもらったりしていたんですが、新宿のコメディシアターって、元はストリップ劇場なんです。だから、酔っ払ったおじさんが間違って入ってきたりもしていました（笑）。

今考えると変な番組で「真夜中の麦とろ」というコーナーがあって、お客さんと一緒に麦とろをズルズル食べるという（笑）、別に麦とろメーカーがスポンサーでも何でもないんですよ。他にも当時は私、独身でしたけど、夜中の2時にAV女優さんと対談したり、エアロビクスをしたり、いろいろやりました。しかも、東京からの放送では圭修の2人が、深夜1時から別の番組の生放送があって…。早い話がWブッキング（笑）。2人は11時半のオープニングに出ると12時には帰っちゃう。そこから私がずっと進行役。途中ゲストは入るけど、朝5時までやるんですよ。

今から思えば突拍子もないことだらけですけど、この頃に民間放送、商業放送のアナウンサーしての心構えみたいなものを叩き込まれました。例えば本番中にコーラについての話が出たとしても「コカ・コーラ」とは言うなっていうことを、生放送が終わってから指摘されるわけですね。なぜかというと、その「コカ・コーラ」からスポンサー料をもらうために、営業は這いずり回って仕事をしているのに、何の考えもなく軽々しく商品名を出すな、というわけです。まずはスポンサーになって下さっているところを大切にしなきゃいけないってことをみっちりと叩き込まれました。

ラジオ・テレビ兼営局のアナウンサーとして

ラジオ・テレビの兼営局で、さまざまな番組で八面六臂に活躍してきた三代澤。しかし時間が取られてしまう「帯番組」だけはかたくなに拒否し続ける。とはいえそこは勤め人。サラリーマンの宿命には勝てず、テレビ「ワイドＡＢＣＤＥ〜す」に10年近く出演することになる。

１９９０年に、後輩の岡元昇アナウンサー（★8）と宮根誠司アナウンサー（★9）が「おはよう朝日です」の司会になります。これ、実は私にも司会の話がきましたが断っているんです。当時のアナウンス部長は乾浩明さんで、ドスのきいた声で（笑）「おまえ、後輩が帯番組やるけど、ええんか？」って言われたから「帯なんかやったらそれに（スケジュールを）ぜんぶ取られますやん」と返したら、浩明さんが「わかった」と。で、後輩2人が平日の「おは朝」の担当になり、私は週1回「おはよう朝日 土曜日です」を担当しました。その分、ラジオもできる、テレビのロケにも行けるというのがよかったんですよ。そのあと、ラジオの昼のワイド番組の仕事も入っ

★8　1985年入社。伊藤史隆、中邨雄二と同期のアナウンサー。通称「オカゲン」。

★9　1987年入社。2004年3月にフリーとなる。ラジオは「ABCラジオファンキーズ」「ABCラジオシティ」などに出演。

てくるようになりました。

でも、1994年の春にテレビ「ワイドＡＢＣＤＥ～す」の仕事が舞い込んできます。当時は月曜から木曜までの放送だったんですが、もうこの時は覚悟を決めました。

当時「これは絶対、誰にも言うな」って言われた話があって…私は「おはよう朝日 土曜日です」や、ラジオの「どか～んと5時間一発勝負」（★10）を機嫌よくやってたんですよ。でも当時のアナウンス部長、今度は乾龍介さんから「夕方にテレビの帯番組が始まる。お前にも出演の指名が来ているよ」と言われて、私はここでも「嫌です」と。まぁこんなことを言う社員をよく許してくれてましたよね（笑）。そうしたら龍介さんが「ああわかった、じゃあナシにしようって言っとくわ」と止めてくれたんですよ。

ところが、新番組発表会見の前日に、今度はアナウンス部のデスクから電話がかかってきて『ワイドＡＢＣＤＥ～す』をやってもらうことになったから明日記者会見に行ってくれ」と。「ええ！」って（笑）。そして「会見では、何を喋ってもいいけれど、前日に出演が決まったということだけは言わんといてくれ」と言われました（笑）。その時点で（週に）２日出演することくらいしか決まってないんです。何をやるかもまったくの白紙。でも、会見ですから何か喋らないといけない。

だから会見当日、「10年間ＡＢＣで仕事してきて、ちょっと原点に帰ってみようと思いまして、この番組では各地から話題をお届けする中継のリポーターをすることになりました！」って勝手に言いました（笑）。そうしたら、番組のプロデューサーがおもろい人で、「面白い！いいね！中

★10　「三代澤康司のどか～んと5時間一発勝負」は日曜昼のワイド番組。1992年10月～1995年3月まで放送。

継やろう中継！」ってそれに乗っかってくれた。みんな、無茶苦茶ですよね（笑）。

そんなわけで月曜と火曜はテレビの中継、水曜と木曜は昼のラジオをやって、日曜もラジオの午後の長時間ワイドを担当しました。

そんな中、１９９５年１月17日がやってきます。阪神淡路大震災です。

あの日は火曜日で、奈良の家から動き出した近鉄線で難波へまで行って、会社に向かって歩き出しました。ラジオでは、当時のＡＢＣラジオ、午前９時から11時は月亭可朝さんの「ハイ！可朝ですＡＢＣ」（★11）を放送していたんですが、可朝さんが神戸方面にお住まいで局へ来られない。だから、９時以降も道上さんが番組をつないで地震情報を伝えていた。僕は局へ向かう途中、公衆電話からリポートをラジオに入れて、午後１時すぎに大淀の会社へ着いて、２時からラジオの特番を戸石伸泰アナウンサーと担当しました。その後も特番体制が続き、日曜のワイド番組も、番組全編をライフライン情報や、被災した方の生活相談といったものを放送しました。

テレビも震災の影響をかなり受けて、そこから半年ぐらいで番組を立て直していって「ワイドＡＢＣＤＥ〜す」をリニューアルするということになりました。そこで「三代澤、お前がメインや」となって、１９９５年の秋からはメインキャスターになりました。

テレビの帯番組のメインということで腹を括りましたけど、ラジオはやめたくなかった。当時のラジオ局長は、かつてのアナウンス部長だった乾浩明さん。またドスのきいた声で「三代澤はラジオの人間やから、テレビに持っていかれたら困るなぁ」と言うてくれるわけですよ（笑）。なんか色々押し引きがあったみたいで（笑）テレビはやるけど、ラジオにも残るということにな

★11 1991年10月〜1995年3月、月〜金曜9時〜10時55分の枠で放送。

りました。

本社からエキスタへ！生放送を連投!?

テレビの「ワイドABCDE～す」は、生活情報中心の3時間（のち2時間）の生ワイド、当初は大阪駅のエキスタ（★12）からの番組でした。その頃はラジオで、上沼さんの「パノラマ大放送」「こころ晴天」を担当していたんですが、2時から3時45分が「こころ晴天」で、「ワイドABCDE～す」は3時55分から。しかもラジオのスタジオは大淀の本社。大阪駅まで10分で移動するというとんでもないスケジュールでやっていました。

昼のラジオがある日は、朝10時前からテレビの打ち合わせやVTRのチェックを12時くらいまでやります。お昼を食べたあとにテレビの衣装を着て、メイクもして、ラジオのスタジオに行くんです。それで午後2時から喋る。で、番組の終了時間に上沼さんが「お疲れ様でした！」って言う時には、もうスタジオを出ていました（笑）。迎えに来たプロデューサーと、すぐにタクシーに乗ってアクティ大阪へ。業務用のエレベーターで上がってエキスタについて、マイクをつけてスタジオに入った時には、もう「ワイドABC」のオープニングの音楽が流れていて「こんにちは、三代澤康司です！」って。

1997年にエキスタがなくなるまではこのスケジュールでした。ただ「ワイドABC」自体

★12　「アクティ大阪」（現・サウスゲートビルディング）内にあったテレビ・ラジオ用のスタジオ（1983-1997年）。15−16階の吹き抜けで、36面マルチモニターが装備されていた。

ラジオが終わったら10分で
タクシー移動してテレビの生放送。
めちゃくちゃでしたね（笑）。

は２００４年まで担当したので、ラジオからテレビの10分移動はそのあとも続きました。でも今度は同じ社屋内だったので一気に楽になりましたよね（笑）。

後輩であり盟友・宮根誠司とのラジオ

テレビの夕方ワイドでさまざまなタレントと、ラジオでは上沼恵美子と共演してきた三代澤。そんな中、新たな番組が立ち上がる。共演者を誰にするか？と訊かれ、三代澤は後輩のアナウンサーの名前を挙げた。現在フリーアナウンサーとして全国にその名が知られる宮根誠司である。

先ほども言いましたが、ラジオの昼ワイド「パノラマ大放送」時代から上沼恵美子さんとご一緒してました。翌年から番組タイトルは「こころ晴天」になります。当時は月曜から木曜の番組だったんですが、１９９５年の秋からテレビの「おしゃべりクッキング」が始まるということで、その収録が水曜に決まり、上沼さんはラジオの出演ができなくなりました。そこで、宮根誠司アナと「スラスラ水曜日」（★13）を始めることになりました。最初は、テレビで一緒に仕事をしたタレントさんとかどうや？とか言われたんですけども、私は「宮根とやりたい」と言ったんです。

３年後輩ですが、ホンマに仲がええんです。

宮根さんは岡元アナとのコンビで「おはよう朝日です」の司会をやって、１９９４年には単独

★13　三代澤と宮根、そして桜井一枝とで放送された「三代澤・宮根・桜井のこころ晴天」（1995年10月-2000年3月）を前身とし、3人での放送は2006年まで続いた。

の司会になって、もちろん司会は面白い。ただ彼はラジオ番組をそれほどやっていなかった。テレビの仕事が中心の彼に「ラジオは絶対やっとけ」「何の準備もいらんから」「『おは朝』のあと週1回、俺と雑談するだけでええから来い」と言って誘いました。

私がいま「ドキハキ」で、提供枠から何からぜんぶ自分で読んでいますが、そうなったのはこの時からなんです。Qシート（進行表）の時間のタイムキープからぜんぶ私がやって、彼にはフリーハンドでラジオのスタジオに来てもらって、それで番組が始まるんです。

アナウンサーの枠を超えていろいろやりましたね。たとえば心斎橋の「ベティのマヨネーズ」というニューハーフのお店に2人でニューハーフの格好で出るイベントをやりました。当時人気のあったニューハーフショーをまだ見たことのない主婦層の方々を招待して、本格的なショーを体験してもらいました。

イベントの当日、お店では着替えられへんからって、ABCで着替えてから宮根とタクシーで行って、それでお店でステージをやって、今度は2人でその格好で帰らなあかん（笑）。店を出て、タクシーを探していたらすぐ車が来たんで乗ったんですよ。そしたら、運転手さんが「お疲れ様でした」って言うんです。え!?と思ったら「そろそろかなと思って、このあたりを流してました」。リスナーさんだったんですね（笑）。

そのうちに今度は三代澤・宮根の2人で、当時朝日放送の向かいにあったホテルプラザでディナーショーをやるという話になりました。これも値段の決定から何から、リスナーを巻き込んでやりました。生放送中にプラザの宴会係に「僕ら、こんなんやりたいんですけどできますか？」

って電話したんですよ（笑）。そしたら担当の人も乗ってきてくれた。で、そこからはディナーショー開催までの動きを、逐一ぜんぶ番組で話すんです。「オリジナル曲があったほうがええよね」って話になったら、杉田二郎さんや円広志さんに「曲をちょっと作ってください」とお願いしたりとか。

値段設定もリスナーから募集して、当時は電話とFAX、ハガキで募集しました。それでディナーショーの価格を「イチキュッパ」…1万9800円にしました。プラザは高級ホテルですから、安いですよね（笑）。時系列で僕らがどういうふうに動いてるかっていうことを、つぶさにお知らせしていくっていうのがラジオとしても面白いなと思いました。

そういう経験は今も生きていて、「ドキハキ」で作った『ホンマ・ミーアカレー』もそうです。私がレシピをイチから作り、そこからあれこれと工夫したこと、メーカーに持ち込んでプロとやりとりしたことなど、逐一番組で話しました。リスナーには今後どうなるのかいろいろ想像して楽しんでもらい、期待を膨らませてもらう…それがラジオの楽しさなんです。

「三代澤を休ませたらあかん」…大先輩からの『横槍』

アナウンサーにはラジオ、テレビの出演以外の仕事もある。そのひとつが「勤務デスク」と呼ばれる、スケジュール管理業務。日々の番組出演に加え、40代の三代澤は裏方の仕事もこなしていた。そして、同じ時期にテレビの情報ワイド番組の司会から離れ、いよいよラジオパーソナリティに専念する。

テレビの帯番組とラジオをやりながら、テレビが夕方に終わるとアナウンス部に戻って、勤務デスクという仕事もやっていました。局内の各部署から来たアナウンサーの出演依頼を調整する仕事、シフターですね。30数名のアナウンサー×30日。毎月1000マス以上パソコンを打ち込んでから家に帰っていました。あの頃はそらもう忙しかったですね。

2004年の秋に「ワイドABC（シリーズ）」が終了します。その頃は番組出演とデスク業務以外にも、後輩アナウンサーを育てることもしていました。例えば、藤崎健一郎アナウンサー（★14）に「ナレーションをやってみるか？」とか声をかけたり、それはそれで面白かった。でも、テレビの番組が終わったら、ちょっとのんびりさせてもらおうと思っていたんです。

ところが、そこに『横槍』が入ったんです。誰の横槍か…道上洋三さんですわ（笑）。あえて『横槍』と言いましたけど、道上さんが「三代澤を休ませてどないすんねん」って言うんですね。「喋り手は休ませたらあかん。番組をやらせな」って…道上さんらしいでしょう（笑）。ちょうどその頃、ラジオの土曜日の編成を変えようとしてた時期で、朝の6時半から10時までの番組をスタートさせることも決まっていたんですね。それで週1回・土曜日の「ドッキリ！ハッキリ！三代澤康司です」（★15）がスタートします。一人喋りのワイド番組です。

これまでの私の仕事は「仕切り屋」みたいな役ばかりでした。テレビもそうですが、ラジオで

★14　1996年入社。三代澤の助言もあり、「熱闘甲子園」など名ナレーターとして名を馳せる。

★15　2004年秋～2009年春までは、土曜日の6:30～9:50（途中から10:00）に1人で担当していた。2009年から10年間は月～金曜、2019年春からは現在の月～木曜となった。

上沼さんや宮根さんと番組をやってる時も、段取りやタイムキープをする役をしていたんです。でも今度の番組は違うぞと。やっぱりリスナーに向かって1対1で、一人喋りの番組をやりたいと言いました。「アシスタントを誰にするか決めろ」と言われたんですが、それも嫌で、一人でやると。「それが無理やったら九官鳥とやりますわ」って言って、ホンマに九官鳥を飼いましたからね（★16）。

「ドキハキ」帯番組へ

週に2日のラジオ生ワイド番組。桜井一枝らと「スラスラ水曜日」、ひとり喋りの「ドキハキ」の2本を担当し、2006年の道上洋三の休養時には「おはパソ」を代打で担当した三代澤に、再び「帯番組」の舞台が待っていた。それは「ドキハキ」の週5日放送化であった。三代澤にとって50代の始まりであり、会社員生活のゴールインに向けての時間の始まりだった。

帯番組を担当する機会はもうないだろうなとも思っていたんですが、土曜日の「ドキハキ」を1人で5年近くやっていて、自分の中では「またぼちぼち帯に行ってもええかな」っていうのはあったんです。なので、ちょうどオファーがあった時には「ああやっぱり来たな。ありがたいな」と思いました。

★16　土曜版では九官鳥の「きゅーちゃん」とともに放送。自宅で鳥かごから逃走する2005年末まで、ホンモノの九官鳥がスタジオに入っていた。

２００９年から帯番組で「ドキハキ」をやらせてもらったからこそ、今もこうして続けて喋れていると思います。49歳って年齢も良かったんちゃうかな。サラリーマンは50代になると、定年へのカウントダウンをし始めます。帯番組をやりながらのカウントダウンでしたから、その流れはなんとなく読めました。会社には残らずに、タレントさんと同じ立場になろうと思ってフリーになりました。帯の

「ドキハキ」をやらせてもらったことへの感謝は大きいですね。だからちょうど50代になるタイミングで私があの時間を担当するのは適齢期だったと思うんですね。

「ドキハキ」が週5日放送になって、日替わりのパートナーを迎えます。タレントってやっぱりタレント言うだけあって、いろんな「才能」を持っています。僕ら普通のアナウンサーや、サラリーマンでは持ちえないものを持ち、磨いています。今のパートナーのみなさん、それに亡くなった俳優の牧野エミさんもそう。そういう人たちと話ができるっていうのはすごく楽しいことですし、私がそういう方々と組んでやるということは、私のフィルターを通じて、パートナーの魅力がリスナーに届くようにしなければいけない。人間的な魅力以外にも、その人たちが培ってきたことが見えるようにする仕事です。

木曜日のパートナー・落語家の桂南天さんであれば、放送で落語のうわべだけ聞くのではない、桂南天という人から見た物事やフィルターがあって、話が広がる。時には落語の深いところまで話が至る。するとリスナーさんが「落語会に行ってみたいな」と思ってくれる。山田雅人さんの「語りの会」や、近藤夏子さんのライブに行ってみようとか、中野涼子さんの土曜日の番組を聴いてみようとか、牧野さんの舞台もそうでした。

そういうことをどんどんやっていきたくて、過去には「三代澤一座がやってきた」というイベントも、豊能町のホールでやったりしました。本当に「ドキハキ」の座組みって、イベントができるくらいの一座なんですよ。ただ、そういうイベントもコロナで完全にストップしてしまいましたが。

新型コロナと、ラジオの日々

帯番組の「ドキハキ」が10年を越えた2020年。世界は新型コロナウイルスに見舞われた。ラジオの世界もリモート出演、公開放送の中止など、人と人がリアルで触れ合う場が消えた。その渦中、電波でリスナーと触れ合い続けてきた三代澤康司は、何を考え、日々の放送を届けてきたのだろうか。

それまでやってきたイベントができないなどはありましたが、正直なところ、喋り手の自分の中ではコロナ以前と後では何も変わっていないんです。目に見える映像だと、マスクやソーシャルディスタンスの問題がありますが、ラジオの場合は早いうちからアクリル板もあったので、あまりそこは気にならなかった。マイクは目の前にあるし、リスナーとはメールなどでつながっていますからね。

ラジオは独りぼっちの人の孤独を癒したりとか、その弱った気持ちに寄り添うとか…そんな役割があると再確認できましたが、自分の中でどう変わったかと問われると、何も変わってないですね。

そうそう、土曜日の「ドキハキ」を始めた時から年に1回続けてることが1つあります。毎年

「どんなに傷ついても大丈夫」と
ラジオで寄り添える存在であり続けたい。

の最後の放送日に、必ず小田和正さんの「君住む街へ」という曲を流してるんです。

２００4年に「ドキハキ」を始めて1人で喋り、1人でリスナーと向き合いました。その時はどんな風に喋っていこうかな…とか自分の中で迷いや不安もありました。そんな時、この「君住む街へ」を聞いたんです。

これはオフコース時代の曲で小田さんも解散後はあまり歌わなくなっていました。バブルがはじけ世の中が不景気になった90年代の終わり頃、あの小田さんのコンサートにも客が入らなくなった時期があったそうです。ところが2000年代になった頃にコンサートでこの歌を歌い始めたら、当時の50代とか40代後半の人たちが、また足を運ぶようになったそうです。不景気で不安だった人たちでしょう。小田さんが「どんなに傷ついてもどんなに小さくなってても、大丈夫だよ。僕が歌って勇気を届けるから」という歌だからなんですよね。それを聞いた時に私は自分の中で「あ、僕の生き方はこれにしよう」と思ったんです。

コロナが起きて、みんな隔離や自粛生活を強いられた。でもラジオは変わらず電波で楽しいことが届けられている。だから、コロナで変わったかっていうと何にも変わってなくて、リスナーとのつながりがよりマッチしてきたと思っています。

毎年、年末最後の放送で「君住む街へ」をかけるのは、来年も私がスタジオで喋ってることが電波に乗って届いて、何か心があったかくなったり、ほっとしてくれたら嬉しいな…そんな思いです。私がラジオで生かしてもらえるなら、それを続けていきたい。そんなことを説明してこの曲をかけています。

こういうのはラジオパーソナリティの矜持なんですかね。ニッポン放送の「あさぼらけ」で上柳昌彦さんが八代亜紀の「舟唄」を毎年最後の放送でかけたり、TBSラジオの大沢悠里さんは、越路吹雪の「愛の讃歌」をかけてらっしゃいましたし。1年の終わりを大事な曲で締めくくるんですよね…みなさん。

画がないメディアだからこそ

ラジオっていま、本当に「見える」ようになりましたね。ＳＮＳに写真を載せる、ユーチューブに動画も上げる、どんどん視覚的な要素も増えてきま

次の世代は自由で小回りの利く
ラジオの新しい魅力を見つけて、
おもしろがってやってほしい。

した。だからこそ私は「見えないラジオの魅力」というのを、これからもキープしたいと思います。一方で、三代澤一座でのイベントや、ラジオまつりでは、みなさんに見てもらうことをやって喜んでいただいてると思います。あれは普段見えないからより際立つんですよね。

画がないのは不自由に思いますけど、実はものすごく自由なんです。最近便利だなって思ったのは、ＷＢＣの優勝が決まった時、山田雅人さんが宮崎でパブリックビューイングを見ていると言うから、私のスマホで電話をかけて「スピーカー機能」で話をして、それを放送に乗せたんです。「山田くんどうなん？」って呼びかけたら、向こうでおいおい泣いてるわけですよね（笑）。普通だったら、技術さんにお願いして、電話回線のチェックをするんですけど、もうその場で、私のスマホでやりました。荒っぽいけど、技術さんに聞いたら「あ、できますよ」って。他にも私がウグイスの鳴き声を録ってきた音とか、そんなのを時々流したりしています。個人の端末の性能が上がって、何でもできるようになりました。

これは自由で小回りの利くラジオだからできるんです。まだまだ誰もやっていない、新しくできそうなこともいっぱいあるでしょう。そこに気づいて、面白がってどんどんやっていくのが次の世代の仕事やと思います。

２０２５年はラジオ１００年ですか？　大阪・関西万博の年で、注目されているし、いろんな動きが出てくると思うんです。きっと映像的なところにも行くと思います。でも、やっぱり「音」を使って想像の力で楽しむことを、「ドキハキ」では一番にしていきたいですね。

兵動大樹のほわ〜っとエエ感じ。

金曜 12:00 〜 15:00

Mail　hyo@abc1008.com

パーソナリティ、かく語りき ❹

兵動大樹

ひょうどう だいき

1970年7月24日生まれ。大阪府出身。吉本興業所属。漫才コンビ矢野・兵動のボケ担当。ナインティナイン、宮川大輔らと同じNSC大阪校9期生。2007年9月、初出演の「人志松本のすべらない話」でMVSを獲得、卓越したエピソードトーク技術が注目される。トークイベント「兵動大樹のおしゃべり大好き」「兵動・小籔のおしゃべり一本勝負」を毎年定期的に開催している。YouTube「兵動大樹チャンネル」ではイベントDVD未収録エピソードの配信のほか、お酒を飲みながらのライブ配信「げちゃ呑み〜てぃんぐ」を不定期開催。「兵動大樹のほわ〜っとエエ感じ。」は2010年4月開始。

インタビュー・文・写真｜梅田庸介

同じテーマで延々話す
大阪のおばちゃん気質を
持っておきたい。

「兵動大樹のほわ〜っとエエ感じ。」（以下、『ほわ〜っと』）は金曜の正午スタートだけあって、休み前の解放感に満ちた、ほんわかした雰囲気が特徴。なかでもパーソナリティ３人によるトークの応酬は聴き応え十分だ。番組開始から13年を経て、現在の形になるまでどのように変化をしてきたのだろう。

初収録後「ラジオって難しい」

「ほわ〜っと」が始まったのが13年前ですから僕が40になるかならんかぐらいですか。今から思ったら最初はえらい肩に力が入ってましたね。それまでに培ってきたエピソードなんかもバンバン放り込んでいかなあかんくらいに思ってやってたような気がします。全然「ほわ〜っと」してなかったかもしれません（笑）。

レギュラーで始まる前に「ほわ〜っと」のパイロット版みたいな特番（★1）を、上ノ薗さん（★2）とお亡くなりになられた市川（★3）さんとでやらせてもらったんです。宇野（ひろみ）さんもいなくて、一人喋りのスタイルだったこともあって、今まであったエピソードを喋るという感じでしたね。その際、市川さん、上ノ薗さんからもいろいろとご指導いただいたんですけど、収録後に後輩と中華の店に寄って酒を飲みながら「ラジオって難しいわ」と言ってたのを今でも覚えてます。

それまでラジオはコンビでやったことはあったんですけど、ピンの仕事でやらせてもらうのはほとんど初めてで。それに当時はラジオで「素」を見せるというのがまだよくわかっていなかった。どちらかと言うと、イベントとか舞台とかライブの延長みたいな心持ちでラジオをやっていたところがありますね。

それもだんだん変化してきて、「僕が！」というよりはどっちか言うとチームワークで動くようになってきたと思います。僕が好きなことを言うたら、宇野さんが乗っかってきてくれて、さらにもう一人にも振ってみるみたいな一連の流れです。

一人で力を入れて頑張らんとあかんと思ってたのが、今は宇野さんに丸投げにしてまうことも多々ありますから（笑）。変われば変わるもんですね。そうやって周りの力も借りながらやっていくうちに、だんだんとヘンな力も抜けるようになって、自分の素の部分が出せるようになってきたんかなと思います。

★1　「兵動大樹のウホウホラジオ」のこと。2010年1月11日、2月22日の2回、30分間放送された。

★2　上ノ薗公秀。ABCラジオの名物プロデューサー。詳しくはP156参照。後述の市川の影響を大きく受ける。

★3　市川寿憲。落語・漫才等、放送界きっての古典芸能通で知られたプロデューサー。桂米朝の「米朝よもやま噺」の進行役としても有名。M-1の基礎も築く。2013年10月3日、54歳の若さで逝去。

共演者とのチームワーク

マイクを前に喋っててリスナーの方の反応は見えませんけど、「宇野さんが笑ってくれてるからまぁぇえか」というひとつの指標みたいにはなってますね。ただ、宇野さんはたまにマニアックなところで笑うからね。これはだんだん気づいてきた。この人、こんなん好きなんやって驚くことがある（笑）。

宇野さんをひと言で表現するなら…「女子」かな？　〝サモ・ハン・キンポー〟とか、〝男梅〟とか言うてイジってますけど、話される目線はもちろん、気配りから何からすごく細かいことに気が付く繊細な女子ですね。たとえば僕がおもろいなと思ってることに向けてトークをし始めたら、「この人は何を言いたいのか」を瞬時にわかってくれます。だから一般人・常識人代表である女子であり、同時にお笑いのこともわかってるラジオの達人という…特別な人ですね。

僕はビビるほどアホなんで、宇野さん頼りになることが多いんです。宇野さんにしたらきっと消化不良の回もあると思うんですよ。僕がわーっと喋るから、サッと引いてくれる。でも、これは宇野さんに全幅の信頼を置いてやってることなんです。で、僕が話すのを見て「あれ？この人喋ることなくなってきたな」と思ったら、話の角度を変えるきっかけもくれる。僕が「それや！」と捕まえて、さらに話が続いていくわけです。たぶんこれは自然にやってはるんですね。

それまでずっと朝お一人でやられてたから（★4）、自分の間（ま）とかも絶対にあるとは思うんです

★4　「宇野ひろみのおはようパートナー」。2002年10月〜2009年10月、月〜金曜5時〜6時30分放送されていた（※2007年の半年間は産休）。

けど、合気道のように瞬時に相手に合わせられる。やっぱり達人ですね（笑）。

今（2023年7月以降）はね、あやつるぽん！（★5）が卒業して、いろんな方とやらせてもらっていますけど、皆さん、誰がレギュラーになっても良いよねっていう方ばかりでした。何より関西中心で頑張ってる方と喋れるええ機会を貰ったと思ってます。

その中で強いて求めるとするなら、一番は宇野さんと僕と、空気感が合う人ですかね。まさに「ほわ～っと」した空気にハマる人。あとはとにかく「何かを返してくれる」人かなぁ。倒れながらでもパンチを打ってくるくらいがやっぱり面白いです。実は、僕はどっちか言うたら、何か言われたときに「あぁそっすね」となってしまうタイプなんです（笑）。自分にない部分を求めるのも酷な話ですけど、これまでMCでずっとやってきた人や新喜劇の座員、アイドルの子もそうですけど、みんなそれぞれの世界

★5 2016年から出演していた「あやつるぽん！」は2023年6月いっぱいで卒業。その後は「あやつるぽん枠」として毎週誰かしらがレギュラーを目指して登場している。

で揉まれて来たんでしょうね。何かしら返してきますよね。毎週わくわくしながらやってます。

今年（2023年）中に決まったらええなと思いますけど、1回来てもらったからもうすでに「ファミリー」に取り込んでるんでね（笑）。いつでも遊びに来てほしいです。

「日常」を語るということ

兵動大樹は言わずと知れたトークのスペシャリスト。周囲で起こった何気ないできごとも、抜群な庶民感覚から成る彼のお笑いフィルタを通すことで秀逸なエピソードに変わる。聴いている者はたちまち兵動ワールドに引きずり込まれるのだ。


イベントやテレビでやるようなエピソードトークをラジオで試したろうとか、今はもうないですね。（ラジオでは）ほんまに1週間にあったことを喋ってる感じ。

でも「あれ？　今週なんもなかったわ」ということも多い（笑）。コロナ禍に入ってからは特にそうで、「あれ？　もう金曜!?」って。ただ、それはそれでよくて、何かのきっかけ、ほんの1行だけでもメールでもなんでもくれたら、そこから自然と話は広がっていくので。

ほんま世間話感覚というか、週に1回、宇野さんと何かを喋りに行っている感じですかね。仕事として捉えてないと言ったら怒られますけど、一番リラックスできる空間であり、そして一番ちゃんとおもろいかを気にしてしまう場所というか。ここが楽しくなかったら絶対に嫌なので必死こいて喋るわけで、そういう意味ではちゃんと仕事ではあるんですけど、喋りながらもリラックスしてるという不思議な空間です。

ラジオでも家族の話はよくしますけど、嫁さんや子どもからやめてほしいとかそういうのはないですね。というより、そもそも僕のラジオは聴いてない。「聴けや!」思いますけど(笑)。今、ユーチューブ(★6)で昔のライブDVDに入ってる未収録のエピソードを上げていってるんですけど、子どもの話も出てくるんです。「昔のあの話やけど、出してもええかな」って聞いたら「いいよ」とは言ってくれる。上はもう高校生やし、下も今年から中学生やから嫌がるかと思ってたら全然構わないと。嫁さんも含めて家族は慣れてるんですかね。

1回ね、上の子が小学校低学年のときに、夜中トイレに行って便座を下ろすのを忘れて便器にすっぽりハマったことがあったんです。ケラケラ笑ってたら僕のほうを見て「これ、またどっかで言うの?」って。これは今しかない!と思って、「そうやで。そうやってご飯を食べさせていただいてるんや」と言い聞かせました。そういうのが根底に残ってるのかもしれませんね。

もう「ほわ〜っと」も13年なんで、自分の子どもも宇野さんのところも大きなったもんね。思春期になって娘との関係性も変わって冷たくされたり、身体も肩に激痛が走ったり、頭もハゲてきて。でもそういう成長やら変化もリスナーのみなさんと共有して一緒に年を重ねていけてるのはほんまに嬉しいことです。リアルな親父の「今」を話しながら、おばはんが「きゃー」言うて

★6　兵動大樹チャンネル(https://www.youtube.com/@user-vi1yu9sd5w)。お笑い好きはもちろん、多くの酒通、食通にも支持されている。

笑ってる、そんな番組です（笑）。

影響を受けたパーソナリティたち

兵動大樹は１９７０年生まれ。深夜ラジオ華やかし時代に多感な中高生だったため、芸人を中心に多くのパーソナリティから影響を受けた。そして現在も横並びの「ＡＢＣパワフルアフタヌーン」（★7）で見ると、上沼恵美子、桑原征平などレジェンドとも言える顔ぶれが揃っている。

これら日本を代表するような話術に長けた喋り手たちに触れてきた兵動が目指す、ラジオパーソナリティの理想形とはどういうものなのだろうか？

僕らが子どもの頃は、他局で申し訳ないですけど「ヤンタン」はよく聴いてましたね。さんまさん、紳助さんなどそうそうたるメンバーでしたけど、僕は（西川）のりお師匠のファンやったんで、日曜日はごりっと聴いてましたね（★8）。怒るときはめっちゃ怒るし、「今日は機嫌悪いな」というのが丸わかりで（笑）、とにかく人間味に溢れてました。まぁそんな遅くまで聴かれへんかったけど、ハガキを出して読まれたとか学校で話題になってました。

その当時は今みたいにラジコもないし、スイッチひとつ押したら簡単に聴けるようなものもなくて、ごっついダイヤルを少しずつ回しながら一番きれいに入るポイントを探しながら聴くスタ

★7　平日12:00〜15:00の枠。

★8　西川のりおの「ヤン日」は1983〜1989年に放送。小林千絵、柏木宏之アナと担当していた。

「僕が！」というよりは
だんだんチームワークで
動くようになってきました。

イルでした。

なんかね、ごっついラジオが家にあったんです。黒くて堅い革のカバーが被せられてて（★9）、おじいがよくＡＢＣのナイターなんかを聴いてました。年中流れていたのでラジオは身近な存在でした。

あとね、ヒロカズのおっちゃんという親戚がいて鉄工所を営んでるんですけど、高校生の頃、そこにアルバイトによく行ってたんです。わざわざ朝6時とか7時に車で迎えに来てくれるんですけど、高校生からしたらめちゃめちゃ朝早くて眠いわけです。で、おっちゃんの車に入ったら道上（洋三）さんの声が聞こえるんです。六甲おろしをよく歌ってはった。だから初めて局で道上さんにお会いしてお声を聞いたときは、大変失礼ですけど、あのしんどい思い出が一気に蘇ってきました（笑）。

今から思えば、めちゃめちゃタメになっておもしろいことも言うてはったと思うんですが、高校生からしたらまぁ大人の世界、大人なラジオでしたね。ただ、あのお声は何とも心地よかったなあ。

目指すべきスタイル

今も車でラジオはよく聴きますね。そうなるとやっぱりＡＢＣラジオが多いですね。金曜は車

★9　当時のラジオにはボタンで留める革製の専用ケースが付属していた。有名なところではソニーのスカイセンサーなど。

で来ることが多いので、行きは「きちまり」、ラジオが終わってからは「金パパ」は必ず聴いてますし（★10）、上沼さん（「こころ晴天」）をラジコで普通に聴いてたり。ＦＭで音楽を聴くのももちろんいいんですけど、やっぱりＡＭラジオから流れてくる人の話をずっと聴いていたいっていうのが基本にありますね。「この前ね、こんなことがあってね…」という話はほんま心地いいです。

上沼さんはほんますごいなぁと思います。テレビは尺が決まってるから瞬発力のすごさを楽しませてもらってますけど、ラジオはね、１つの話題をずーっと喋っていきはるでしょ。あれがおもろいし、勉強になる。

１つの話でどこまで喋れるかっていうのは僕も目指してますね。たまにしがみつきすぎて「もうええて」というツイッター（Ｘ）のコメントをもらうこともあります。まぁそれは僕が目指している道なので誉め言葉やと思って受け止めてます（笑）。

征平さんもすごいですもんね。だから「ほわ〜っと」をさせていただけるという話を聞いたときは意味わからんかったですね。横を見たらすごい人たちやし、テレビで言うところのゴールデンタイムでしょ。なんで俺なん？　重みがエグいやろと思いました。

でも、オファーのときに市川さんが「兵動くんは根がおばちゃんやからええねん」とおっしゃっていただいたのは覚えてますね。いつまでもぐちゃぐちゃ言うてる大阪のおば様気質をラジオでも出していけばいいと言っていただいた。そこは自分の原点として頭にはいつも置いておこうと思ってます。

★10　「きちまり」は「きっちり！まったり！桂吉弥です」、「金パパ」は「岩本・西森の金曜日のパパたち」。吉弥、西森ともに兵動との関係性は深い。

ラジオパーソナリティ帝王への道

これまで「ラジオパーソナリティ帝王への道」（★11）という特番を何回かやらせてもらって、ラジオのレジェンドの方々のお話を聞かせてもらってきました。みなさんそれぞれ取り組み方、テクニックみたいなものもあって、たとえば谷村新司さん（★12）は大きな声を出す必要はないよ、とか。マイクの前で囁いたら、余計にリスナーが集中して聴いてくれる。でもこれは谷村さんがやるからいいのであって、俺がやったら気持ち悪いだけですからね（笑）。それより一人に向けて喋るという意識ですか、そういうのもあるんでしょうね。あと（笑福亭）鶴光師匠やったかな？不調の回はスタジオから出たらすべて忘れろと（笑）。引きずるなと言うてはった。

だいぶざっくりした言い方をさせてもらうと、みなさんに共通してあるのは「ラジオで嘘をついたらあかん」っていうことですかね。気持ちを偽ったらあかん。イキったり、賢いフリをしても必ず聴いてる人に見透かされると口を揃えるんです。なるほどなぁと思いました。

あと、みなさん「ラジオはずっとやりたい」と必ずおっしゃいますね。やれる限りやりたいと。そこにラジオに対する愛とか思い入れを感じますし、ついてきてくれるリスナーの方々の優しさ、思いなんかを感じとってはるんやろなと思います。

やっぱりリスナーさんが背中を押してくれたり、勇気をくれることも多い。僕なんかはまだまだですが、それはわかりますね。

★11　兵動がラジオパーソナリティとして一皮むけるべくレジェンドに話を訊くという不定期の特別番組。これまでの出演は原田伸郎、浜村淳、西川のりお、笑福亭鶴光、山本浩之、桂南光、オール巨人、岡本昭彦（吉本興業社長）、谷村新司。

★12　2023年10月16日に、同年10月8日、谷村新司さんが74歳で亡くなられていたと発表された。これを受け、10月22日に「兵動大樹の十番勝負」を再編集した特番を放送した。

「ほわ〜っと」は一番リラックスできて一番ちゃんとおもろいかが気になる場所。

リアルな親父の「今」を話しながら
おばはんが「きゃー」言うて笑ってる。
そんな番組です。

元気をもらったり与えたり

「勇気、元気をもらえる」これはリスナーもまったく同じように感じているはず。兵動大樹がラジオをやるうえでの原動力となるのはやはりリスナーの存在でもある。

めんたいパークでのイベント（★13）はむちゃくちゃびっくりしましたね。あれだけのお客さんが来てくれるとは思わなかった。劇場でパンパンになることはあってもすべて僕ら目当てではないんでね。めんたいパークのあの見渡す限りの人たちはほぼすべてラジオを聴いてきてくれた方々だったので、ヘンな感覚でした。ずっとスタジオであほみたいなことを喋ってると、「これほんまに聴いてもらえてるんかな？」みたいな感覚になることもあるんですけど、あのたくさんのリスナーさんたちを見て「ほんまに届いてたんや」って（笑）。遠いところから来てくださった方もいっぱいいて、この番組に強く思い入れを持ってくれてる人がたくさんいるんやなと改めて思いました。

ラジオまつりでもみなさん大雨の中いっぱい来てくれましたよね。嬉しいというか、ありがとうですね。「ほんまありがとう」です。

時々ユーチューブで呑みながら生配信（★14）をしているんですけど、見ていただいている方と

★13　2022年9月10日に「かねふくめんたいパークびわ湖」で行われた公開収録。会場に入りきれないほどのリスナーが駆け付けた。

★14　不定期に生配信される「げちゃ呑み〜てぃんぐ」のこと。酒を飲みながら配信するため、ほぼ毎回兵動はベロベロになっている。

距離が近いんですよね。これはラジオと似ていて、現に「『ほわ〜っと』聴いてます」とコメントを書いてくれる人もめちゃめちゃ多いんです。

コメントを見てると「なんか疲れてない？大丈夫？」と思ってしまうような人も多い（笑）。みなさん日々いろいろ抱えながらも一生懸命働いて、その合間にラジオを聴いたり、ユーチューブを見てくれたりしてるんやなって思います。そんな方に「毎週金曜日ラジオで元気もらってます」とか言ってもらうと、「そうか、俺がやってることも間違いではないんやな」と感じます。

僕ね、いつも「ラジオ聴いてます」って声をかけられたら必ず「いつも意味わからん話をしてスミマセン」って返してるんです。毎回意味わからんですよ。そんなもん。この間なんか卒業式で写真撮ったら、娘のリュックについてたキノコのマスコットが僕の股間にあった話を延々としてましたからね。そんなん聴いて「元気出ます」って（笑）。ほんまにありがたいです。

もうね。宇野さんも僕も50歳超えてますから、体が元気で、あと10年、20年はやれたらな、とは思います。おこがましいですけどリスナーさんとはお互いに元気をもらったり与えたりして、あーだこーだ言いながらやっていきたいですね。これまで一瞬だけ「俺も世相を斬ったほうがいいなかな」と思ったこともありましたけど（笑）、根底はアホなので、ずーっと食べ物の話や「こんなおっさんおったで！」というような話をこれからもし続けます。

第2章

野球実況の深淵がここに！

ABCラジオといえば野球中継。
実況陣の、技と伝統、矜持と心得の
一端を覗いてみよう。

ABC
ラジオ
本
AM1008
FM93.3
ABC Radio Official Book

鼎談
ABC実況アナウンサーの系譜

植草貞夫（うえくさ　さだお）×伊藤史隆（いとう　しりゅう）

野球実況の深淵がここに！❶

伊藤史隆と中邨雄二。プロ野球をはじめとする「スポーツ実況のABC」の伝統を守り、その名をさらなる高みへと導いたベテランアナウンサーだ。1985年の同期入社で、定年後もシニアアナウンサーとして、スポーツ実況はもちろんパーソナリティとしても存在感を示し続ける、ABCラジオにはなくてはならない2人である。そんな百戦錬磨なベテラン2人にとって、今も昔も特別な存在であり続けるのが植草貞

取材・文・写真｜梅田庸介

夫氏だ。甲子園のバックスクリーンを見ると、今でも植草氏の声で「青い空、白い雲…」と脳内再生されるオールドファンも多いはずである。阪神タイガースの日本一、バックスクリーン3連発、星稜×箕島戦、そして「甲子園は清原のためにあるのか」などの名台詞——植草氏の実況があったからこそ数々の名シーンがより色濃く記憶に刻まれていると言ってよい。

今回、伊藤、中邨両アナウンサーにとって30年先輩である植草氏を交え、ABC実況アナウンサーの伝統はどのように作られてきたのか、往時を振り返りながら語ってもらった。

新人から見たレジェンドアナウンサー

植草　２人が入ってきたのは１９８５年か。阪神タイガースが日本一になった年だよな。いい年にいい後輩が入ってきたなぁと。まぁそれは社交辞令だけど（笑）。あのときは何人入って来たんかな？

中邨　アナウンサーは３人でした。私と伊藤と岡元昇（★1）。岡元も私たちと同じように定年を

★1　P53参照。

植草貞夫
うえくさ　さだお

1932年9月29日生まれ。早稲田大学卒業後、1955年に朝日放送に入社。スポーツアナウンサーとして、阪神タイガースを中心としたプロ野球、及び全国高等学校野球選手権大会の実況等を担当。定年（1992年）以降も1998年までABCの実況アナの顔として活躍した。長男、三男、孫（2人）もアナウンサーで、3代にわたるスポーツ実況家系となった。

迎えましたが会社に残っています。

植草　君らの時代でもすぐに声を出すことはなかったよな？　だいたい2、3か月後にようやく「JONR 朝日放送です」というアナウンスをやったんだろうと思うんだけど（2人頷く）。あの頃、僕は肩書が「スポーツ局次長プロデューサー兼アナウンス部員」。「兼部員」だったので2人の（研修の）先生はしていないよな。まぁ、だいたい自分で喋りたいほうだから、野球で言うところのコーチは向いてないんだよ（笑）。

中邨　普段もずっと（アナウンス部ではなく）スポーツ部にいらっしゃいました。

伊藤　新人の私たちにとって、本当に雲の上の人で、お話もできないくらいの存在でした。会社に入ってから野球中継を担当するまで3年ほどひたすら練習しているような形でしたから、こちらから話しかけることも申し訳なくてできなかったです。

伊藤史隆
いとう　しりゅう

1962年10月25日生まれ。1985年に朝日放送に入社。スポーツ中継のほか、テレビの報道・情報番組のメインキャスターを務めるなど幅広く活躍。ラジオでは「ABCヤングリクエスト」「伊藤史隆のラジオノオト」「日曜落語〜なみはや亭〜」のパーソナリティを歴任。定年後もシニアアナウンサーとしてABCで活躍する一方で、神戸新開地・喜楽館の支配人に就任した。

植草　偉そうにしてたもんなぁ、俺（笑）。

伊藤　いや…それはそうですね（笑）。

中邨　実際、偉かったですから。

伊藤　植草さんは中継の日以外は何をしているのかまったくわからないんですよ。

植草　「植草探すには甲子園かゴルフ場」と言われてた。会社に来たかと思ったらだいたい寝ているという（笑）。

伊藤　中継の当日だけやって来られて、カッコいい中継をされて、しゅっと帰っていかれる。そんな職人気質な格好いいイメージです。

植草　一匹狼といえば格好いいけど、好き勝手させてもらってただけだよ。

中邨　僕らは1987年、高校野球でラジオ実況デビューなんです。立浪、片岡、野村のPL学園春夏連覇のときですね。その秋口くらいですかね、レポーター見習いのような形で甲子園に行かせてもらったんですが、そのとき植草貞夫大先輩は巨人軍が練習しているグラウンドに下りて行かれて、バッティングケージに足をかけながら王監督や長嶋さん（当時解説）と談笑しているんです。普通、王さん長嶋さんには関東のアナウンサーでも近寄れないですよ。どちらかというと王さんたちのほうが「気を付け」状態で喋っておられたのを今でも覚えています。

植草　王さんは隅田川高校を受けて落っこちて早実に行ってるんだよ。俺は隅田川高校の出身だから、王さんには強く出られる（笑）。冗談でよく「あんたは落ちたけど俺は受かった」って言ってた。長嶋さんは千葉でしょ？　僕の両親も千葉だからなんとなくウマがあったんだよな。

植草スタイルは相撲中継がベースにあった⁉

植草　今思えばね。高校野球でも、昭和35（1960）年の法政二高から昭和63（1988）年の広島商まで決勝戦を（テレビで）ずっとやらせてもらって。やるのが当たり前だと思ってやってたからね。OBの集まりのときに黒ちゃん（★2）に言われたなぁ。「俺は植草さんのおかげでテレビの決勝戦を1回もやってない」って（笑）。恨み辛みだよなぁ。

中邨　高校野球決勝戦および阪神巨人戦の連続実況は、前人未踏の記録ですから。植草さんが中継を始められた頃のABCラジオのゴールデンカードって南海（ホークス）戦でした？

植草　むしろそうだったね。あの時代はきちんと12球団を平等に放送していたんだけど、やっぱ

★2　黒田昭夫元ABCアナウンサーのこと。スポーツアナウンサーとして活躍。植草氏の後輩。2014年死去。

り（中村）鋭一さんのおかげなんだろうな。「おはようパーソナリティ」で阪神タイガースの応援をやってたし、あの人は議員のときにも国会の答弁で「今、阪神が勝ってます！」と言ってたくらいだから（笑）。

中邨　当時は相撲中継もあったんですよね？

植草　相撲もやったなぁ。あの頃は楽しかった。取り組みが終わった力士に「すぐにインタビューしろ」と上から言われたんでやったら、勝手に何やってんだと後で問題になってね（笑）。女子プロゴルフの中継ではティーショットが終わったらすぐにインタビューしたり（笑）、何でもありな時代だった。

伊藤　すべてが初めての試み、前例がないことをやってこられたわけで、僕らは植草さんたち先輩がやったことに乗っかってやらせてもらってるわけですから。

中邨　僕らが会社に入って植草さんの凄さを教わった中でも驚いたのが、関西以西の実況アナは全員植草さんのスタイルに嵌った時代があるということ。これはどういうことかと言うと、先ほど出たお相撲の中継が下地になっているんです。「さぁ立った！」というところから一気に追いかけていくというスタイルで。

植草　相撲中継は呼出しがあって行事があって仕切りがあって、制限時間いっぱいになるまではいわゆる「静」の状態ですよ。実況も淡々と進めて、立ち上がったら「ぱぱぱぱん」と一気に行く。

中邨　そのスタイルを野球にも1球ごとに持ち込まれた。投球前には静寂を聴かせて、そこから「投げました！」と始めるんです。

中邨雄二
なかむら　ゆうじ

1961年8月12日生まれ。1985年に朝日放送に入社。スポーツアナウンサーとして活躍、2005年の阪神リーグ優勝のラジオ実況を担当した。「サクサク土曜日　中邨雄二です」（2012年〜）のメインパーソナリティを務め、三国志や「宇宙戦艦ヤマト」など、"中邨雄二ワールド"を展開。最近は実況でも独自の表現を挟み込み、サクサクリスナーから総ツッコミを入れられている。

植草　僕は後輩に教えることはあまりしなかったけど、野球中継では1球ごとにスコアが取れるような実況をするように、とはよく言ってましたね。

伊藤　僕はそれを直接言っていただいた覚えがあります。

中邨　私はたった1度だけ植草さんと広島に出張したことがあるんです。阪神は関東での屋根なし球場の試合が流れたので、広島での広島×巨人がバックアップカードでした。稲尾さん（★3）解説で、私がリポーターで同行いたしまして。その夜「いか本陣」という居酒屋さんで刺身を食べながら教えていただいたのがちょうど今のお話です（笑）。

実況今昔〜故きを温ねて新しきを知る

伊藤　今、僕らがやっている野球中継のスタイルは植草さんがお作りになったもので、ヘンな言い方に

★3　稲尾和久（1937年6月10日−2007年11月13日）。西鉄ライオンズのエースとして黄金期を支えた。「鉄腕」と言えばこの人。ソフトな語り口と丁寧な解説で人気だった。

はなりますが、植草さんがやっておられたことが古典芸能のようにベースにあって、私たちはこれを踏襲しているわけなんです。でも植草さんや中村哲夫さん（★4）などの先輩方からは「俺たちはこうやってやってるけど、君たちは君たちのスタイルでやりなさい」と言われたんですよね。

植草　今言われた中村哲ちゃんというのは、僕より3期下なんですけど、それは素晴らしいアナウンサーでね。僕は大上段に振りかぶって実況するほうだったんだけど、哲ちゃんは今目の前で行われていることを淡々と正確に実況するタイプでした。よく言ってたんだけど、野球中継では哲ちゃんには負けない、だけどもサッカーやバレーボールなんかは勝てないと思ったからやらなかった。アナウンサーでもライバルの存在ってのは大きいよなぁ。

伊藤　そんな素晴らしい先輩方から「君たちのスタイルでやりなさい」と言われたので、なるべく言い回しなんかを新しい言葉で表現するように努力しました。この形を40年ほど僕らもやってきまして、そうすると逆に今は植草さんや中村さんがやっておられたような中継をやれる人がいなくなってしまったんです。例えば打球が左中間を抜けて弾んでいくときに「ワンバウンド、ツーバウンド、フェンスに当たりました」という実況は植草さんが編み出されたわけなんですが…。

植草　別にどうってことないんだよ。要するに目の前に起こってることの「実況」なわけで。

伊藤　でもそれは、まさに心も弾む実況なんです。ただ、これはいわば植草さんの専売特許です。我々下々の者はマネをしたらいけないと思っていたので、その言い回しを使う人もいなければ、そういうテイストで表現する人もいなくなった。でもね、昔、僕らが聴いていたような言い回し、「球は転々右中間」なんて当時は古臭く思っていたんですけど、今時の言い方で言うと「1

★4　東京五輪の女子バレーボール「東洋の魔女」の実況などを担当。熱闘甲子園の司会も務めた。2015年死去。

「1球ごとにスコアが取れるような実況をするように」とはよく言ってたね。（植草）

周まわって」、植草さんら先輩たちがやってこられたことを僕たちが持ってきたら今の人にとっては新しくていいんじゃないかなと、最近すごく思うんですよね。今こそ僕らがもう1回掘り起こしていかないとなぁと。最近、中邨の中継を聴いててもそんなことを考えてるんじゃないかなと感じましたね。

中邨　まさに。よく聴いていてくれる（笑）。この間も実は…。私も齢六十を超え、もうすぐ62になるんですけどね。

植草　俺なんか91やで（笑）。

中邨　1998年まで高校野球を喋られた植草さんと比べてしまうとまだまだなんですけど、中継の中で、今風の言いまわしで追いかけようとしても寄る年波で言葉が出てこないんです。ところがここに植草さんの「ワンバウンド、ツーバウンド」というのを使わせていただくと、その当時一生懸命練習していた言葉なので、口周りが蘇って来て、ゲームのリズム感もよくなるんです。自分の人間復興のため、自分ルネッサンスのために（笑）、植草節を使わせていただいております。

テレビとラジオ、実況の違い

植草　テレビの場合、ディレクターの絵に沿って喋らないといけない。自分が喋りたいと思っていることがあっても、そこに映像がないと合わないわけです。今もよく言われてますけど「甲子園は清原のためにあるのか」というのも、セカンドキャンバスを回る際の清原がアップになった時にぱっと口から出たわけ。前もって考えていたんですか？とよく聞かれるけど、そうそんな使える言葉なんてないよな。だからディレクターと息があったときはいい中継になる。ラジオの場合、そうはいかないからね。アナウンサーの言葉ひとつですべてが動くわけだから、アナウンサーがプロデューサーでありディレクターでもあるわけです。

中邨　「荒木大輔、鼻つまむ」（★5）なんかもほんの一瞬のことで、天才球児と呼ばれ絶大な人気を誇ったピッチャーがついに崩れていく、その一言で「荒木の夏ではないのか」という雰囲気がぐっと出ましたからね。その瞬間瞬間すぐに言葉にできるのはやはりラジオで磨いてきたからこそですよね。

★5　1982年、第64回全国高等学校野球選手権準々決勝「池田×早稲田実業」で、初回からやまびこ打線に捕まり、本塁打を打たれた早実のエース・荒木大輔の姿を捉えたときの実況。

ラジオの実況は
アナウンサーが
プロデューサーであり
ディレクターでもある。
（植草）

中邨雄二が長年悔やんでいたこと

中邨　私の話で恐縮ですが、1996年の高校野球の決勝戦をテレビで喋らせていただいて、それが松山商業と熊本工業の一戦でした。松山商業の矢野くんの「奇跡のバックホーム」（★6）というのが今でも語られますが、そのとき自分は「奇跡のバックホーム」という言葉を使えなかったんです。まだ試合がどうなるかわからないということもあったのですが、その前に植草さんからいただいた言葉に「野球のプレーのなかでそんなに奇跡なんてことは起こらない」というのがあったんです。「奇跡」という言葉を安易に使ったり、ほかにも高校野球を表現する叙情的な言葉もあるけれども、それを何のフィルターもかけずに盛り上がるだろうと思って安易に使うのは僕は違

★6　第78回全国高等学校野球選手権大会決勝「松山商業×熊本工業」で延長10回裏、1死満塁から熊本工・3番本多の打球は右翼へ大飛球。直前から守備に就いていた松山商・矢野が補球。誰もがタッチアップでサヨナラだと思ったが、矢野のバックホームはダイレクトで捕手のミットへ。間一髪でアウトとなった。

うと思う、そう植草さんがおっしゃっていた。自分のコメント選びのときにそこでがっとブレーキがかかったんですが、結果的にその後20年以上経った今も「奇跡のバックホーム」として世間では語り継がれているわけですよね。

植草　昭和54（１９７９）年、箕島高校が星稜を下して優勝したとき、確か延長18回でホームランを打ったんだよな。前年に同じようなシーンがあって、思わず「甲子園球場に奇跡は生きています」と言ったような記憶はあるんだ。

中邨　そう、まさにその話です。２０００年付近に特番があったとき、植草さんにゲストでお越しいただいて、甲子園球場のエクストラルームみたいなところで収録をしたんですが、その際「実はこういう悔いが残ってる中継があるんです」と告白したんです。奇跡のバックホームにせっかく立ち会っていながら、自分は「奇跡」という言葉が使えなかった。勝負勘のあるアナウンサーならここで「奇跡」という言葉を使ってもよかったんじゃないかと、あの決勝以来ずっと悶々としているんです、という話をしたら、植草さんは「僕はそれでいいと思う」というふうにおっしゃっていただいた。結局、松山商業が勝っているからそれを彩る好プレーとして「奇跡」ではあるけれど、それは結果そうなっただけで、もし熊工が勝っていたら歴史のなかに埋没してしまっていると。

植草　言った方は覚えてないいんだけどなぁ（笑）。

中邨　でも私は、自分の言えなかった弱さのトラウマが何年かぶりに一気に氷塊して涙が出てきたんですよ。収録中にもかかわらず。長年の忸怩たる思いが晴れて、「そうですよね、奇跡とかってそうないですよね」って、その場が綺麗にまとまりました。その直後、「続いて植草貞夫さんの中継をご覧いただきましょう」と言って、1979年の星稜×箕島戦が流れたんです（笑）。「甲子園球場に奇跡は生きています」…めっちゃ「奇跡」って言うてはるやん！となりました（笑）。まぁそういうオチはありましたけど、それくらい長年にわたって中継されていながら、ひとつの言葉をどう使うか厳しく吟味されていたというのは、伊藤とともに教えていただいたことで、大きな財産です。

植草貞夫の凄みが出た意外なシーン

中邨　あと、思い出したのが、伊藤がアナウンサー研修のときに植草さんの実況を使わせていただいたこともある、松井秀喜の5連続敬遠です（★7）。「勝負はしません」というね。あの中継こそがまさに単に名シーンに名台詞なのではなく、植草さんがそれを紡いでいくと自然と名シーンになっていく瞬間でした。

植草　あの時はいっぱい言いたいことがありましたね。だけども現実には勝負をしていないので、それしか言いようがない。

中邨　「勝負をしてない」ではなく「勝負はしません」という第三者目線においての実況で、これはなかなかできないんですよ。どうしても情が入ってしまうんです。横にいたのが松岡英孝さ

★7　第74回全国高等学校野球選手権大会2回戦の「明徳義塾×星稜」で、星稜の4番・松井に対し、明徳義塾・馬淵監督が採った作戦。打席が進むにつれ、徐々に甲子園がざわつき、最後にはブーイングも起こった。

ん（北陽高校野球部元監督）でね、（声マネしながら）「高知の野球はこんなんちゃう。勝負してほしいですねぇ」とずっと言ってるのを横目に、そこに引っ張られることなく「勝負はしません」と言っておられた。

植草　僕は「勝負はしません」、松岡さんは「勝負してくれ」だったな（笑）。

中邨　その対比がね。第1打席、第2、第3と進んでいき、まるで第5打席まで敬遠されることがわかっていたかのように、だんだんとボルテージがあがっていく。

植草　松岡さんは高知の人だからね。「高知の人間はこんなことはしない！」と。僕はあくまでも「勝負はしません」としか言わなかった。

中邨　「そうですか」なども入れない。これはものすごい技術なんですよ。

伊藤　その植草さんの声の色がいいんですよ。本当にいいお声で、ワードはそれだけなんですが際立っていました。

伊藤史隆の心の支えとなった植草の一言

伊藤　中邨は「奇跡」の話をしましたが、僕が嬉しかったのは1994年、ちょうど仕事を始めて10年めくらいのときに、甲子園で仕事をしていて、植草さんもその時、中継じゃなくたまたまご用事でおられて。用事が終わって帰っていかれたなと思っていたらすっと引き返して来られて、

「史隆くん、この間中継聴いたけど、最近上手くなったな」と言っていただいたんですよ。それはめちゃくちゃ嬉しかったです。今でこそ褒めて育てる時代ですけど、当時はそんなことはなかったですし、むしろ一番厳しい方だったので。思い出したようにちょっと戻って来て「いい中継だったなぁ」と言われて。それを心の支えにしてました。

中邨　ええなぁ、それ（笑）。

伊藤　今の若いアナウンサーたちの中継も、機会があれば聴いていただきたいですね。

植草　みんな一生懸命がんばってるんだろうね。

中邨　今の若い子たちはすごく真面目で、膨大な資料を作るんです。それで思い出しましたが、高校野球のときなんかは植草さんが作られた資料をその次のゲームに当たったときに使わせてもらうことがあったんですが…。

植草　何も書いてなかっただろ。

中邨　丸文字のかわいい女の子文字で（笑）、選手のモットーだけが書かれてありました。それが中継のなかにちりばめられてきちんと完結するのは凄いです。

植草　今日は褒めてくれるねぇ（笑）。

＋α column

伊藤史隆×中邨雄二

30年以上、同じ釜の飯を食べてきた同期だからわかる、お互いへのリスペクトと、後輩のスポーツアナたちへメッセージを特別に語っていただいた。

中邨雄二　伊藤史隆アナウンサーについて

私自身は阪神タイガースは好きでしたけど、スポーツのこういうところが好きだ！など突出したものを持っていないタイプの人間だったんです。そういう人間が野球もそうですし、それ以外のスポーツにも携わるようになって、どうやって喋ればいわゆるスタンダードな中継になるんだろうって、ずっと考えていました。人が聴いていてわかりやすい中継にするには、何を押さえたらいいんだろうって。先輩に訊くのもケッタクソ悪いので（笑）、そのあたりの〝勘〟がよかった史隆ちゃんの中継をすごく参考にさせてもらいました。

史隆ちゃんの中継は僕には最初からできなかったですね。たとえば高校野球中継のまだデビュー間もない頃でしたが、PL学園の立浪、今の中日の監督ですけど、当時から天才ショートプレイヤーとして名を馳せていて、深く深く甲子園のショートを守っていて、普通抜けるぞとか、取っても内野安打だぞという当たりを、続々一塁でアウトにしていました。それを（伊藤アナは）「上手い」「上手い」「上手い」と連発していた。一部先輩からは「上手い上手い言い過ぎ」と言われてましたけど、でも上手いもんはしゃあないやろ（笑）。結局今から思えば、いまだに立浪選手を超える「上手い」ショートは現れていませんから。史隆ちゃんの「スポーツ観」の中で、最初からきっちりそこは捉えていたんです。

伊藤史隆 中邨雄二アナウンサーについて

中邨さんが素晴らしいのは何と言っても声ですよ。この声は僕は絶対に出せない。中邨さんのように低く響く声が出るとか、僕らの少し先輩の武周雄さん（★8）のようにハイトーンで〝スパーン〟と抜ける声の持ち主だったり…、アナウンサーにとってすごく大事なんです。野球選手で言うとすぐにホームランが打てる、そういう天性の素質ですよね。こういう美声の人が近くにいて、さぁ自分はどこで自分の道を生きていくか…自然とそう考えるようになりましたね。

★8 1997年朝日放送に入社。植草の後を受け、高校野球決勝戦の実況を担当した。

あとご存じのように自分の世界を持っているというのがすごいなぁと。アニメの話などもずっとしていて、一緒に飲みに行ってもおもしろかったんですよ。「雄ちゃん、こんなおもろいのに、放送で一つも役に立たんなぁ」とずっと言っていたんです（笑）。それが今や何かと仕事の役に立っていますから。これはすごいですよ。

中䢘雄二　後輩アナウンサーへ

ＡＩ技術が進んできて、今でもスポーツ中継であろうがやろうと思えば人工音声でもかなりの部分を追いかけることができますし、今後はさらに進化していきます。ただ、画一的な中継だと飽きられますし、情報を仕入れるだけなら別に中継を聴かなくても、いろんな手段が他にあります。その中で自分はどのスタイルで中継していくのか、お客さんにサービスを提供するというなかで軸線をどこに置くのか、そこは強く意識してほしいなと思います。

今の若い子たちもいいところまで来ていると思うんです。ちゃんとボールも追えるし、データもこまめに入れられるし、解説者との会話も滞りなくできるし。平均的に上手にできているんですけど、そこを超え、それこそ植草さんの実況のように、今日この人は何を喋ってくれるんだろうという期待感だとか、史隆ちゃんのようにAチームだけじゃなくBチームのこともいっぱい聴けるぞというような、お客さんの楽しみな気持ちを膨らませてくれるような喋りを、諸先輩が曲がりなりにも残っているうちに、そこをヒントに見つけてほしいなと思います。

伊藤史隆　後輩アナウンサーへ

スポーツ中継ってある種、芸事だと思ってるんですよ。自分でやりたくてもできないことが多々出てくるもので、そういう壁に当たった時でも諦めず、趣味・芸事のように楽しんでほしいんです。たとえばゴルフをやる人だったらスコア100を切りたいと、切るためには何をすればいいかを考える…、釣りだったら道具を変えたり、場所を変えたり、いろんな工夫に頭を巡らします。それこそが楽しさだったりしますよね。そこで自然と上達していきます。

それと同じで、自分のできないことに目を瞑らず、どうやったらできるのか、工夫することをまずは楽しんでほしい。Z世代は割と自分のできないことを認めるのが苦手だと言われてますけど、苦手でいいんです。芸事だったらきっと克服できると思いますし、実はそれくらいスポーツ中継って楽しくて奥が深いことなんですよね。

野球実況の深淵がここに！❷

阪神タイガース 38年ぶりの熱狂に向かって

阪神タイガースの優勝で幕を閉じた2023年のセ・リーグのペナントレース。本稿取材時の7月上旬も、阪神は首位を走っていた。余勢を駆り、ABCラジオ「フレッシュアップベースボール」解説陣のレジェンド・吉田義男と野球実況のエース・小縣裕介アナの対談を行った。

取材・文｜豊田拓臣　写真｜梅田庸介

吉田義男
よしだ　よしお

×

小縣裕介
おがた　ゆうすけ

選手・指揮官目線でいつでも熱く

小縣　私も入社して約30年になりまして、何人もの解説の方とご一緒させてもらいましたけれども、吉田さんが一番熱いですよ（★1）。阪神タイガースの選手、監督、スタッフと同じぐらい、それ以上じゃないかって思うくらい。ユニフォームを着てダッグアウトにいらっしゃるようなテンションでやられるんで、こちらも熱を帯びます。

吉田　それはいかんと自分に言い聞かせて進めるんですけどね。気づいたらぐっと入ってしまってるんですね。

小縣　ここ数年は解説をされていませんが、ぜひ実況席でお待ちしております。

吉田　もう無理です（苦笑）。球場に行って現場を見てますよね。そうするとスピード感についていけなかったり、スコアボードのメンバーがもう見えなかったりね。それに（試合時間が）約3時間でしょ。トイレも行かないといけませんし、行動がついていきません。

小縣　いえいえ、阪神タイガースの長い歴史の中で最初に日本一になった、その監督ですから、まだまだお元気でいていただかないといけません。

★1　吉田義男は1999年からABC解説者に。またナイターオフ番組（「ラジオで虎バン」など）にも度々登場。

吉田義男
よしだ よしお

1933年7月26日生まれ。京都府京都市出身。1953年、阪神タイガースに入団。小柄ながら華やかな守備から「牛若丸」の愛称で親しまれた。ベストナイン9回は遊撃手最多。1975～1977年、1985～1987年、1997～1998年の3度、阪神タイガースの監督を務め、1985年にはリーグ優勝、日本一を飾る。1990～1995年に野球フランス代表の監督を務めたことから、「ムッシュ」のニックネームでも親しまれる。1992年、野球殿堂入り。

解説時も二遊間に厳しい視線を向ける

吉田　私の野球人生を振り返りますと、現役時代は内野手のショートをやってましてね。

小縣　もちろん存じ上げております。

吉田　球を捕って投げる職人ですわ。そこは自信があります。監督は3度やったんですけどね、監督には向いてませんわ（笑）。自分でもそういう自覚があります。その代わり、球を捕って投げることについては厳しいでっせ。

小縣　解説をされていて、もちろん監督としての、選手としての勝負への厳しさはありますけども、ショートの守備へのこだわりはとにかくすごいですよね。アウトにできなかった場面で「そこがショートの見せ場ですのに！」とよくおっしゃいます。

吉田　捕ってすぐ投げたらいいのに、2、3歩ステップして投げるとか。内野手の一番大事なことは、記録に表れないプレーをしっかりやってチームに貢献するということでね。９回表、１対０、１アウトランナー１塁で、そこへショートにゴロが飛んでくると。当然、ダブルプレーにすればゲームが終わるという時にね、内野手の送球が遅れてゲッツーにできなかった。でも、これはエラーにならないんです。それでランナーを生かすとします。２アウトランナー１塁、その次のバッターにホームランを打たれたら２対１で負けるわけですよ。このときには記録にも何にも残らないんです。しかし、プレーしている本人にとっては監督も含めてですけど、ものすごく堪える失策ですよ。こういう細かいプレーを追及していかないと、やっぱり強いチームにはならないですよね。もうこんな話になったら、なんぼでも喋りまっせ（笑）。

吉田義男と岡田彰布

１９８５年に監督として阪神をリーグ優勝・日本一に導いた吉田。当時は主力選手として活躍していた岡田彰布が、２０２３年は監督を務めチームを優勝させた。その吉田、岡田の両人と実況・解説としてマイクの前に座った経験を持つ小縣が、２人の共通点について探った。

小縣　今年の阪神を見ていると、１９８５年に似ていますよね。岡田監督が吉田さんから学んでらっしゃったのでは？

※小縣裕介アナのプロフィールはP.216参照。

吉田　岡田監督とそんな話をしたこともないですけど、苦楽を共にしましたから。岡田は１９８５年の優勝チームのセカンドで活躍して。やっぱりショート、セカンドは一番球がよく飛んでくるんです。だから、センターラインの確立ということでは同じ考えなんですよね。今年で言うたらセカンドに中野を据えて、ショートを木浪（聖也）と小幡（竜平）で競わせたんです。

小縣　吉田さんは１９８５年について話をされるとき、まず「セカンドには岡田、ショートには平田（★2）がいたんです」とおっしゃいます。守備を重視した野球をやってらっしゃったんですよね。

吉田　そのときを振り返ってみますとね、内野のセンターラインの確立はチーム作りの基本だったので。岡田はセカンドで新人王になってるんですよ。でも、股関節を痛めて外野をやったりしてましして、真弓（明信）がショートをやったりセカンドをやったり、伸びてきた平田がショートをやったりと、ものすごく不安定だったんです。僕はこのチームであれば優勝争いできるという信念のも

★2　平田勝男・現ヘッドコーチのこと。監督とヘッドコーチが日本一メンバーの二遊間であり、吉田イズムが継承されていると言ってもよい。

とで、岡田をセカンドにカムバックさせた。話が行ったり来たりしますが、その前に真弓と話をしてね。ものすごく良いバッティングを持っていましたから、「お前、外野に転向してくれるか？」と言ったら、「ゲームに出られればどこであってもいいです」と承諾してくれました。その後釜に平田を据えることで、一挙に問題が解決したんです。

バックスクリーン３連発の陰に大事な存在がいた

小縣　キャッチャーも重視されましたよね。

吉田　ええ。当時、木戸（克彦）が３年目でしてね。木戸はＰＬ学園で優勝し、法政大学でキャプテンもしてたんで、「俺が監督になったら（正捕手として）定着させる」と言っていた。で、キャッチャーが木戸、セカンド岡田、ショート平田、真弓がライト、弘田（澄男）と北村（照文）がセンターでね、これがピッチャーを盛り上げてくれたいうことがね、85年に優勝した、大きな１つのコンバートだったと思うんですけどね。

小縣　岡田さんは打撃でも主軸を打ってらっしゃいました。

吉田　バース、掛布（雅之）、岡田のバックスクリーン３連発というのは、皆さんよく覚えておられるんです。そのゲームは勝ったんですが、中西清起がどういう働きをしたかってあんまりご存知ないですんよ。この話をさせていただきますとね、バースが打ってね、掛布と岡田が打って、

6対3で勝ってたんです。でも、9回に福間（納）がホームランを打たれて6対5になったんですわ。当時、山本（和行）がよくリリーフしていたんですが、その前の試合で広島に打たれたんです。だから僕は使わずに、2年目だった中西をね、もう京都の清水の舞台から飛び降りた気持ちで福間の後にリリーフさせて。そしたら3人で抑えて6対5で勝ったんです。そこでデビューしたんですよ。それからずっと1年間ね、中西と山本の両輪になって活躍してくれた。そのきっかけともなった、ものすごくいろんな意味のある試合でした。

負けることは恥ずかしいことじゃない

チーム史上で初の日本一監督となった吉田。だが、良いときもあれば悪いときもある。2年後には厳しい批判にさらされた。吉田はその経験から得た言葉があるという。

吉田　私はプロ野球で天国と地獄を味わってるんです。85年は下にも置けない持ち上げ方をされました。それが3年後は最下位で、3割3分1厘になりましてね。打率ちゃいまんねん。

小縣　チームの勝率ですね（苦笑）。

吉田　1987年は篠塚（利夫。巨人）と正田（耕三。広島）が3割3分3厘でリーディングヒッターになってまんねん。阪神の勝率より上です。打率より低い勝率の監督がいるって、落合（博満）が言ってましたわ（笑）。やっぱりそのときは、勝負の世界の厳しさを感じましたね。

小縣　日本一も最下位も経験され、天と地を味わって。私、吉田さんがおっしゃった「小縣さん、負けることは何も恥ずかしいことじゃないですよ」という言葉が忘れられないんです。

吉田　本人にしてみれば悔しいですけど、勝負ですから勝ち負けがつくわけで。負けは良いわけじゃないですけど、別に悪いことしてるわけじゃないですからね。過ぎてから分かることですが（笑）。そのときは自分に言い聞かせるしかない。１つ勝って２つ負けるのはつらいでっせ。

「おはパソ」で六甲おろしを

解説者としてもさまざまな経験をしている吉田。阪神とＡＢＣにまつわる思い出に関しても言及。小縣が担当してる「おはパソ」にも吉田は度々登場している。

吉田　僕は野球界を盛り上げるのに、マスコミは大事だと思っているんです。やっぱりＡＢＣの独自の伝統というかね、解説の歴史を作っていただきたいと思いますな。ＡＢＣは他局と同じようにやってたらあきません。独特の色を出すぐらいの自信を持って、放送してほしいと思います。

小縣　金言、ありがとうございます。

吉田　僕らが85年に優勝したときはいろんな名物アナウンサーもおられましたよね。武さんもおられました。

小縣　先輩の武周雄ですね。

吉田　道上（洋三）さんも思い出すわ。２００３年の優勝が決まった日の試合は、（小縣アナと同期の）清水次郎さんが実況してましてね。道上さんと僕がゲストで出て。デーゲームで阪神が勝って。

小縣　マジック１になって、ナイトゲームでヤクルトが負けて優勝というね。みんな甲子園で待ってたんですよね。

吉田　田渕（幸一）もいました。監督の星野（仙一）を胴上げしたのを覚えてますわ。道上さんにもようお世話になったなぁ。もっと言うたら、中村鋭一さんもね。やっぱりそういう歴史って大事ですな。それを小縣さんが引き継いでおられるんですから。

小縣　身が引き締まります。

吉田　これはずっと続けていかないといけませんね。

小縣　今年は日本一になったときには、吉田さんと岡田さんに番組に来ていただいて、六甲おろしを歌っていただくという確約を取りましたんで（★3）。岡田さんも「吉田さんが歌うならしゃあないやんか」っておっしゃいましたから。

吉田　今年は古関裕而さんも野球殿堂に入ったからね。あの人が作曲ですからね。

小縣　なおのこと機は熟しましたね。

吉田　秋が楽しみですな。

★3　2023年6月15日放送「岡田監督ロングインタビュー」は一部を「ABCラジオ・ポッドキャスト」で聴くことができる。

中堅・若手アナが語る
1球1球、ラジオで伝えるということ

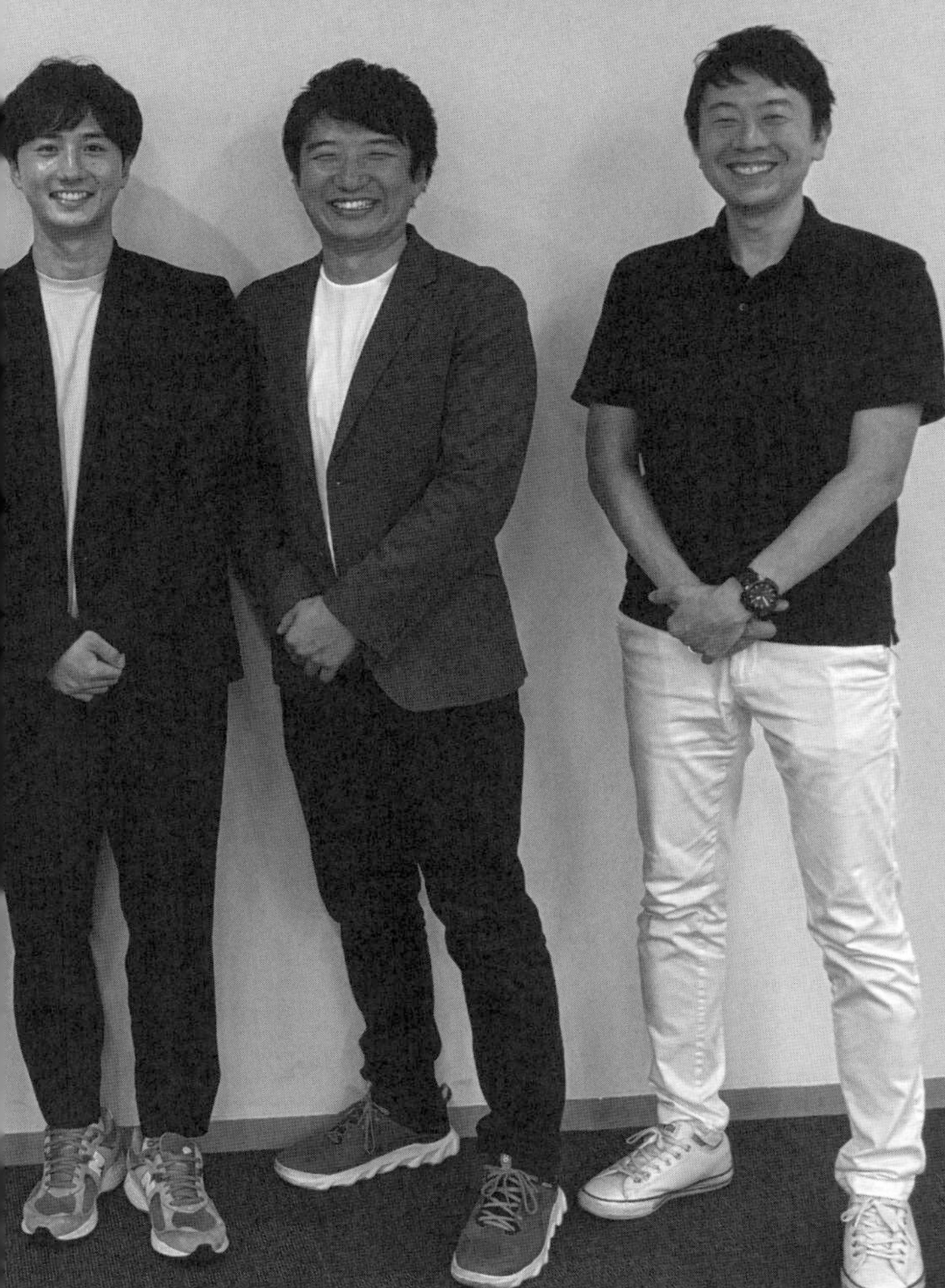

インタビュー・文｜豊田拓臣　写真｜梅田庸介

野球実況の深淵がここに！❸

写真右から山下剛、福井治人、大野雄一郎、北條瑛祐、高野純一。ABCラジオの実況を支える、若手〜中堅アナ5名に、実況でのこだわり、ABCスポーツアナウンサーに代々伝わる伝統、そしてラジオ中継ならではの工夫などを伺った。放送のプロが1球ごとにかける工夫、思いとは？

実況アナウンサーになってみて

──スポーツ実況を実際に経験して感じたこと等を訊かせてください。

大野　去年（２０２２年）の夏に実況デビューしました。まずは準備が大変ですね。先輩方は当たり前のようにやっているんですけど、例えば近本選手が４打数１安打１打点などといった結果を12球団の全選手分、毎日記録しています。これで２～３時間かかるんですけど、それを皆さん普通にされているのがビックリしたところです。

福井　入社９年目の福井治人です。実況を担当する前としてみてのギャップとしては、スポーツ中継って華やかなイメージがあったんですけど、大野くんも言った通り準備が大変だったり、すごく地味な作業も多いんです。試合展開によっては、喋っていてもなかなか盛り上がらないというもどかしさもあったり。何よりも自分の技術や知識が足りなくて解説の方と会話がなかなかできない、目の前で起きたことをうまく描写できないなど、できないことが多すぎて、こんなに大変なんだという思いは今でもあります。

北條　11年目の北條瑛祐です。実況の仕事は実際に地味ですし、そうあるべきだと思っています。あくまでもスポーツがメインなので、「あの実況の人がこう言った」と話題になったとしてもその試合を覚えている人がいなかったら本末転倒です。「地味」という表現は語弊がありますけど、選手たち主役が光るお手伝いができたらいいなと、年々感じています。あとはゴールがないと思っていて、大野アナぐらいの年次のときは11年目ぐらいの人ならある程度実況の形も完成しているのかなとも思っていました。でも、実際に今の年になっても全然完成していない。しかも、もっと上の先輩方はまだまだ模索していらっしゃるので、答えが見つからないトンネルに入っているんだと感じます。でも、それが楽しくて、今はすごく楽しんでいる時期に入っている気がします。

高野　北條の話で思い出したんですが、昔、（山下）剛さんと「40歳過ぎてまでやります？」みたいな話をしたんです。「いやいや、無理でしょ」って（笑）。僕は入社19年目ですけど、40歳までやるなんて考えられなかったんです。でも、気づけばそれも過ぎ去って、しかも今も難しさを感じている。北條が言ったような「完成形」はまだまだ見つけられませんね。あと、実況をやってみて感じるのは、他の仕事のときに噛まなくなってる気がします。

福井　僕はメチャクチャ噛むんですよ。

高野　君は普段から噛むよね（笑）。

北條　実況アナって、他の仕事の割合が人より少ないんです。だから、僕は噛まないという感覚がまだ分からないですね。

高野　たまにニュースを読むときなんかはそうだね。なんて偉そうに言ってたら噛みそうだけど（笑）。ただ、よく言われますけど、ラジオの実況はぜんぶ自分でやらなきゃいけない。テレビは画面がありますけど、ラジオはすべてを言葉で表現しなきゃいけない。そうすると、月並みですけど他の仕事にもすごく役に立つ部分がありますし、口回りが勝負になる部分もあるので噛まなくなってきているのかなぁと。

山下 剛
やました ごう

1978年8月15日生まれ。神奈川県横浜市出身。2001年、朝日放送入社。2023年阪神リーグ優勝時のラジオ実況を務めた。2023年ナイターオフは「UP↑↑」を担当。

山下　僕は高野より4歳上で、入社23年目、3年目でデビューだから、ちょうど実況20年目になります。

全員　すごい。

山下　実はABCに入社するまで、野球を含めスポーツにそんなに興味もなくて、ここにいるみんなは知っているんですけど、僕は本当に音楽しかやってこなかった。数奇な運命でABCに入って、でも仕事が何にもない。言い方は悪いですけど「スポーツしかやることないぞ」と思って研修を受けているうちに、面白い！と思ってやり始めました。結果、今はこれが生業になっているので不思議なものだと思っています。

僕、系列の若手を集めて研修をしたりするんですけど、そこで毎回言うのは、実況ができるようになると、まず声がメチャクチャ強くなるんです。3時間怒鳴り続けなければいけないので。声が強くなって滑舌が良くなる。それと、正確なリポートができるようにもなる。見たものを見たとおりに喋るというやつですね。次に、インタビューができるようになる。隣に解説者がいてその人と会話をしていくのは、その試合を題材としたインタビューでもあるので、「これってどうなんですか？　こういう場合はどうなるんですか？」と会話をしながら、インタビューをし続けるんです。プラス、例えば大山（悠輔）選手の逆転スリーランホームランが出たときに、この場面をどうおいしく言ってやろうっていう、良い意味での色気も必要となるので、瞬発的な脚本家としての能力も問われる。「打ちました。大きな当たり。レフトに入った。ホームラン」だけじゃ面白くないので、「打ちました。大きな当たり。逆転！ここまで3試合ヒットがなかった大山。自信を取り戻すスリーランホームラン」とか、自分なりに脚本家として欲張るようになっていきます。あとはシンプルにタイムキープができるようにもなる。「放送終了まで残り20秒だな。どうやって締めくくろう」って常に考えながらやるので、ディレクターもできるようになります。「ここは自分が多めに喋っていこう」、逆に「自分はあまり喋らず、解説者に大いに喋ってもらおう」みたいな、バランスを見たディレクターです。

と、そんなことを若手にいろいろ言っています。詰まるところ、スポーツアナをやると他の仕事が何にも怖くなくなるんです。今、突発的に「あそこに中継行ってくれ」と言われたら、「はい、分かりました」ってパッと行ける。スポーツアナとして歩けている人はみんな、それなりにこなすことができると思います。

それぞれの事前準備

――脚本家として盛り上げるにも、それまでのデータが頭に入ってないと盛り上げられないですよね？「今日大山が打ったらこう言おう」とか、事前に考えているものですか？

山下　大野が言っていた日々のデータ付けも準備だし、明日の試合に向けて準備するときはみんな「最近ヒットが出てないけど、ヒットが出たらこう言おう」みたいなことは考えているんじゃないかな。

高野　僕は全員分考えたことがあります。「もし植田（海）がホームランを打ったら何て言おうかな」とか。１回だけですけどね（笑）。

北條　僕は実況を始めたぐらいの頃に、高野さんにこれを聞いたので、全員に何かひと言言えるように考えていましたし、今でも一応、１人１人紹介できそうな最近のプレー内容は考えます。たまに本当に「どうしよう、試合に出てないしなぁ」みたいな人もいるんですけど、その「出ていない」も要素の１つなんで。

山下　高校野球だったら、おこがましいですけど「この子をどうやって輝かせてあげよう」と考えたりね。試合前に二桁背番号の子に「今まで嬉しかったことは何？」って聞いて、「練習試合でホームランを打ったこと」なんて答えが返ってきたら心の中でガッツポーズをしながら用意したり。ＡＢＣの中継を見ていたら「この夏、初めてのヒットが甲子園…」なんてフレーズがよく

高野純一
たかの　じゅんいち

1981年9月22日生まれ。千葉県船橋市出身。2005年、朝日放送入社。定番のナイターオフ番組「ラジオで虎バン！」を2023年も担当。

出てきますけど、実況アナはみんな逐一準備をしていますよね。発声、滑舌練習より、準備の方がみんなすごく頑張っている気がします。

ABCの野球実況に流れる伝統とは？

――ABCならではの伝統や、先輩からずっと言われていることはありますか？

北條　研修で教わった先輩の「実況イズム」が残っている人は多いかなという印象があります。喋り方もそうですし、準備の仕方、実況への取り組み方など、先輩からの教えがそれぞれに受け継がれていると感じます。

大野　僕はまさに高野さんが実況の先生なんです。僕の印象で言うと、高野さんは「まずはオーソドックスに、基本に忠実に」と教えてくださって。若手というところもあるので、あまり色気を出していろ

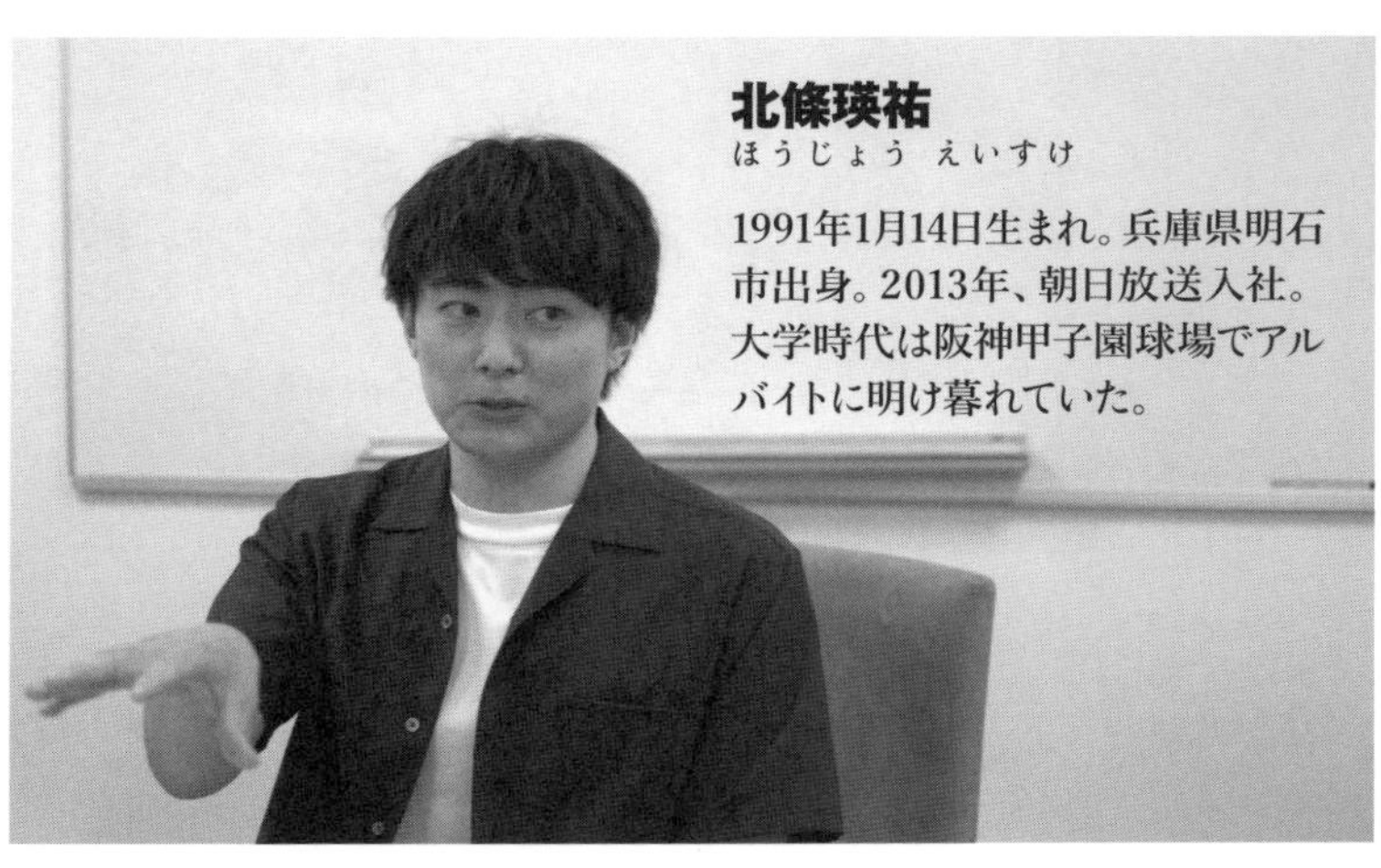

北條瑛祐
ほうじょう　えいすけ

1991年1月14日生まれ。兵庫県明石市出身。2013年、朝日放送入社。大学時代は阪神甲子園球場でアルバイトに明け暮れていた。

んな枝葉の部分に手を出すよりは、まずは幹を大事にしろとずっと言われています。

北條　僕は清水次郎さん（★1）に教えられた最後になるんですけど、怒られすぎて、実況している時に次郎さんが頭の中を通るんです。

高野　今でも？

山下　トラウマや（笑）。

北條　清水次郎さんは今、高校野球の監督をされているぐらい野球愛が強い方なんですけど、「面白いところに打球が飛びました」と言うのに大反対なんです。「面白いって何が？　誰が見て面白い？　どう面白いの？　答えて」って。僕が答えたら「だったらそれを（最初から）言えばいいんじゃないの？」と言われたんです。「面白いっていう言葉だけで伝わると思ってラクしてない？」と。それからというもの際どい打球が飛んだときに、「面白い打球」を使わずどう表現するかを考えるクセがついたんですけど、その瞬間、頭の隅を次郎さんがスッと通ってい

★1　1994年に朝日放送に入社（小縣裕介アナと同期）。スポーツアナとして活躍するが、2016年高校教諭に転身。2022年には念願だった野球部監督（西宮甲山高校）に就任した。

くんです（笑）。

大野　そういうことは僕もあります。例えばレフトにフライが飛んで、簡単なフライをノイジー選手が捕ったと。それを何気なく「つかみました」と言っていたんですけど、「つかむ」はもっと難しい打球を何とか捕ったというイメージだから、普通に「捕りました」でいいんだよと高野さんに教えてもらいました。

北條　あぁ。これからずっとイージーフライが上がるたびに高野さんが頭の中を駆け抜けるで（笑）。でもそこから派生していろんなことを突き詰めるクセがつくので、すごくいいと思いますね。

高野　別に「つかみました」と言ってもいいと思うんですよ。でも、細かいところですけど、「ほんまにそうか？」と考えてほしいですね。

山下　人によって言い方は違うけど、結局「見たもの、事実を言おうね」というところに行き着くよね。ＡＢＣってギャーギャー色をつけてうるさいと思われてますけど、とにかく基本の基本として「ボールを消すな」とずっと言われ続けています。例えばヒットを打った場面でも、「ライト前、抜けていきました。ヒット。バッターランナー1塁ストップ。ワンアウトランナー1塁です」じゃなくて、「ライトがボールを捕って中継に返しました」まで言う。もちろん、実際の中継になったら他にも言うべきことはたくさんあるので、多少はボールが消える場面があるかもしれないけど、基本的にはボールや人が消えないようにしている。ラジオは見えないので、状況がより分かるような実況を心がけています。

高野　あと、基本としてはピッチャーが投げたときに、「投げました」と言いますね。

山下　それは絶対やな。

高野　これが遅れると良い実況ができなくなってしまうし、ボールが消えてしまったり、聴いてる人が「何、このプレー？」となっちゃうことが多くなるんです。ピッチャーの指からボールが離れたときに「投げました」ときちんと言う、それを心がけると良い実況が結果的にできる。ＡＢＣのスポーツアナウンサーが今まで何人いたかはわからないですけど、百人いたら百人がやってきたことだと思います。実はこれがテレビ中継にも活きるんです。テレビ中継は自由に喋っているように思えますが、ピッチャーが投げる瞬間は僕らは黙って見るんです。そこでヒットが出た、ホームランが出たっていうとき、ちゃんと反応できるように、解説やゲストの人も含めて「ボールが離れる瞬間は見せる」というのが僕らの大きな仕事のひとつだと思っています。実際にはダブル解説とかになると難しくなるんですけど。これは脈々と受け継がれているので、テレビにも活かされているラジオ中継の源流です。

北條　そこにつながりますけど、「投げました」の後のボールを受けるミット音や打球音は大事にしますね。

山下　ピッチャーが投げるところから試合が動くので、その１球１球が大切なんですよね。「ピッチャー○○はここまで防御率０・１２という素晴らしい数字、あ、ホームラン！」とかにならないよう、「ピッチャー○○はここまで防御率０・１２です。（１拍）『カーン（打球音）』大きな当たり！　入った、ホームラン！」という実況にするため、必ず投げるときには黙ろうと。ラジオの場合は投げるときにいったんグッと黙って「ピッチャー○○が投げました」と入れる。逆

福井治人
ふくい　なおと

1991年5月30日生まれ。兵庫県出身。2015年、朝日放送入社。ABCアナウンサー随一の癒し系。2023年秋からは「福井治人・サタデーなおとフィーバー」を担当。

に言うとそれを入れるだけでぜんぶトントントとリズムよく行くんです。

経験豊富な解説者が顔をそろえる

北條　ABCは解説の方も経験豊富なので、大野アナぐらいの年次のときは引っぱってもらう期間がありますよね。「はい、実況どうぞ」「ここは僕が喋るね」みたいな。

大野　ラジオのプロ野球中継デビューのとき、解説が関本賢太郎さん（★2）でした。ラジオは自分でボタン（★3）を押して他球場の情報を入れるんですけど、初めてなのでどのタイミングで入れたらいいのかわからなかったんですが、関本さんが「相手が攻撃しているときに入れるといい感じになるよ」とCM中に教えてくださいました。

山下　そういうことは解説の方には言ってないの

★2　元阪神タイガースの内野手。2003年、2005年のリーグ優勝に貢献。2016年からABC解説者に。選手目線の丁寧な解説が人気。

★3　実況アナウンサーが自分のタイミングで手元のボタンを押しアタック音（チャイム）を鳴らす。狭い実況席では稀に間違って触れてしまうことも。

にわかってらっしゃるんですよね。「ベテランアナは相手攻撃の下位打線で入れてるで」と。
北條　関本さんは解説されて10年ぐらいになっているので、すべてを知ってらっしゃいますね。
山下　これはゴマスリではなくて、うちの解説の人たちは本当に皆さんお話が分かりやすくて愛情があふれて、そこに僕らは助けられているところがあります。高校野球も含め、良い方たちばかりです。
――ＡＢＣには吉田義男さん、福本豊さんという偉大な解説者がいらっしゃいますが、お２人はどんな方ですか？
高野　吉田さんは自由に喋られるんですけど、「ごめんなさい」と断ったうえで話されるので、やっぱり野球中継を分かってらっしゃいますね。福本さんはアナウンサーをリスペクトしてくださっているのが分かるるんです。言葉は少ないんですけど、「たこ焼きみたいやな」（★４）とか、その一言で福本節なので。僕が若いときは福本さんと試合を担当するのはすごく緊張しました。他の解説の方ではしない緊張をずっとしていて。そういうこともあってプラスアルファの準備もするので、終わった後には結果「今日は良い中継できたな」と思えることが多かったですよね。
山下　他の４人とは違うかもしれないですけど、僕は特にラジオ中継は、１つの音楽、音を使った芸だと思っている部分があるんです。吉田さんや福本さんは経歴的にも別格のレジェンドなので、「これいいね」というひと言を、他ならぬ吉田さんや福本さんがおっしゃる場合、その音にとても意味が出てくる。１回の中継の中でひと言でもふた言でも珠玉の良い音を引き出せたら…、引き出すというのがもうおこがましい話ですけど、ご一緒できたらうれしいです。たとえば夏の

★４　スコアボードに並ぶ「０」を見ての発言。延長15回にサヨナラの１点が入った際には「たこ焼きに爪楊枝がついた」とオチをつけた。

大野雄一郎
おおの　ゆういちろう

1997年7月25日生まれ、兵庫県出身。2020年、朝日放送テレビ（※分社化後）に入社。小縣裕介、福井治人も出た兵庫高校出身。ミスター慶応。

高校野球でも、豊田義夫さん（★5）の声が夏の音なんです。「この1年生の活躍も素晴らしいですね」という言葉が場内ノイズとともにスピーカーから聴こえてくると、それが夏の景色そのものになる。大事にしたいと思っています。

目指す実況、心がけていること

――皆さんが実況で目指しているものはありますか？

全員　難しいなぁ。

大野　僕はやっぱり若手として、「アウトカウント、イニング」をきっちり言うなど、分かりやすい中継になるよう、基本の部分をまずはしっかりしようと意識していますね。でも、なかなか先輩には追いつけないです。解説の方とトークをしていて、僕の場合は1回黙って、「ピッチャー、第

★5　近大附属高校などで監督を歴任。朝日放送テレビ・ラジオの高校野球中継解説者としてお馴染み。

1球、投げました」に行っちゃうんですけど、先輩方はこのトークと「投げました」の間にしっかりと「何対何、阪神対広島、5回の裏阪神の攻撃」というところまで入れるんですね。この一瞬の間にねじ込んでいくのがなかなか僕にはできないので、しっかりと身につけたい能力です。

――それが入ってくると、実況のテンポも変わってきますよね。

大野　「タクシーに乗った人がいつ聴いても分かりやすいように」とよく言われます。パッとラジオをつけて、いつ聴いても状況が分かるように話しなさいって。先輩方に「僕、言い過ぎていませんでした？」と聴くこともあるんですけど、「いやいや、最低限よ」と言われます。めちゃくちゃ言っているつもりなんですけど、それでも足りない。

高野　テレビ中継だと常時出ている情報ですから、ラジオだと言い過ぎなんてことはないんです。

福井　僕もやっぱり基本的なことをしっかりできるようにしたいです。誰よりも一番こだわりたいのは捕った瞬間に「捕りました」、打った瞬間に「打ちました」、ランナーがスタートした瞬間に「スタートしました」と遅れずに言えること。ラジオは絵がないので、お客さんの歓声は聴こえてくるのに、実況のテンポがズレて何が起こってるのかがわからないなんて状況はストレスでしかないので、「ワーッ」と声が上がった瞬間に「一塁ランナー、代走の熊谷がスタートしました」と反応できるよう、観客のリアクションとアナウンサーの描写・反応がシンクロできるようにしたいですね。データの紹介も必要ですけど、一番大事なのは目の前のこと。目の前を注視しながら、大事なところは丁寧に描写するといったメリハリはつけたいです。

北條　僕もキャリア的にはまだ自分しか持ってない武器なんてまだまだないのですが、野球に携わっている自分に染まりきらないというのは意識しています。具体的には野球用語に関しては、細かく選別していこうと。例えば先輩の中邨雄二さんは絶対に「ゲッツー」とは言わず「ダブルプレー」と言うように。もっと突き詰めると、三振後に盗塁も失敗したとき、「三振ゲッツー」なのか「三振ダブルプレー」なのかどっちが聴き心地がいいのか…そんなことを考えながらぜんぶ選んでいますね。

高野　僕は「三振ゲッツー」だけOKにしています。

北條　僕もそうなんです。「ゲッツー」は基本避けてはいるんですけど。話の流れの中であえて出すときもあったり。

――野球の知識がない人だと、「ゲッツー」が何だか分からないということですよね?

北條　そうなんですよ。それで言うと「グランドスラム」が満塁ホームランだとか、実は知らない人も多い。「覚えたから使おう」じゃなくて、野球用語をあえて使わずに表現できるところはそうしてあげた方がいいケースも多い。そこを一つずつ突き詰めていきたいと思っています。あともう一つ挙げるなら、僕は甲子園でアルバイトもしていたので、誰よりも甲子園の裏の動線も知っているので、みんなより視野が広いと実は思っています。試合中も客席のお客さんの反応とか、販売している売り子の方の反応とかも見ている。

高野　注意散漫なんちゃうの?（笑）

北條　ビールの売れ方とか、すべて視界に入ってくるんです。「あの売り子、メチャクチャ売り方うまいな」とか、「あのお客さん手をあげてるよ」とか思いながら、「ピッチャー、第3球、投げました」みたいな。

全員（爆笑）

北條　もしかしたらアルバイトをしていたからこそ、人より得ている情報が多いのかなってなんとなく思ってます。

高野　今度、そこを押し出してみて。

北條　そこを押し出すと、解説の方が気になって話に乗っかってくるので試合から逸れすぎちゃうんです（笑）。雨で中断の時に考えてみます。

『日本一の実況』を継ぐ者として

高野　他局の中継を聴く機会もありますけど、聴いている側からすると、最終的には聴きやすいか聴きやすくないかっていうだけなんです。聴きやすくないと「他局にしよう」とか「テレビでいいわ」となるので、自分がきちんと聴きやすい中継ができているのか、そこはずっとこだわらなければいけないところだと思います。だから、極論、（テンポが）遅れちゃっても聴きやすければいいんですよね。もちろん全球遅れないっていうのは理想ですけど、それは叶わないところ。遅れたから「投げました、打ちました」と早口になっちゃうのが一番聴きにくいわけですから。

あと、「アナウンサー名鑑」みたいな本があって、そこで「ＡＢＣの実況が日本一だ」って評価されていたんです。先輩たちからは「ＡＢＣの実況は日本一であるべきだ」というのはポイント、ポイントで言われ続けてきたので嬉しかったですね。日本一でないといけないという責任もあるので、そこは目指していきたい。でもね、こうやってみんなと喋って、若い人たちもこれだけ考えているっていうことが知れてすごく嬉しかったです。誰が観ても、誰が聴いても良いものを出していきたいなと、改めて思いました。

山下　「基本を大事に」というのは、実はそれがすべてなんです。そういう言葉が今日出てきたのは高野同様、嬉しかったですね。アナウンサーは無色透明でいいんですけれども、だからこそ本当にきちんとした言葉遣いで起きたことを起きたときに正しく描写する。その本当のおまけで「〇〇アナのこういう表現が好きだな」と思ってもらえたらいいと思いますね。加えて言うと、清水次郎さんに教わって大事にしていることがあって「野球を語るアナウンサーは下である。野球を聞けるアナウンサーこそ上である」と。「ノーボール２ストライク、ど真ん中を見逃したぞ。何で打たないんだ！」という気持ちを自分が言っちゃうのか、はたまた「ノーボールツーストライク、見送りました。関本さん？」と聞けるのか。分かった上で「今は真っ直ぐ一本で行ってほしかったですね」という言葉を引き出せるのか、自分で言っちゃうのか。年次が進んでいくとついつい言っちゃうんですよね。分かってもないくせに分かった気になって。そこは基本に立ち返りたいです。

最後に、特にラジオは場内ノイズを活かせるアナウンサーにみんななってほしいと思っています。高校野球で言うと、負けたチームが銀傘の前を通って帰るときの拍手の音はもう、何よりも極上の音ですし。「3点差、9回裏、2アウト満塁、バッター大山」というときはあえて黙って「ザン、ザン、ザンザンザンザン」というメガホンの叩く音だけを聴かせるとか…。自分の喋りだけでなく、いろんなものを使えるようになっていきたいですね。

第3章

門外不出のクロストーク

普段オンエアでは聴くことができない
夢のマッチアップが実現！

ABC
ラジオ AM1008 FM93.3
本 ABC Radio Official Book

ますだおかだ増田のラジオハンター

木曜12:00 ～ 15:00
Mail rh@abc1008.com

ますだおかだ増田

ますだおかだ ますだ

インタビュー・文・写真｜梅田庸介

門外不出の
クロストーク❶

好敵手・MラジとABCラジオ

開局以来、70年以上にわたって常に比べ続けられてきたABCラジオとMBSラジオ（Mラジ）。ライバルとの切磋琢磨でより成長してきた部分も大いにあるだろうが、両局を知る二人・ますだおかだ増田と中西正男に、それぞれの特徴、違い等を中心に語ってもらった。

中西正男 ×

なかにし　まさお

ラジオ出演はＭＢＳでスタート

——お二人の関係性は？

中西　僕がデイリースポーツというところにいた時に、増田さんにずっと連載をしていただいてました。２００２年から僕が辞める２０１２年までずっと僕が担当だったんです。

増田　中西さんがデイリースポーツを辞めるって話を聞いて、じゃあ連載もそのタイミングで辞めましょうかってね。

中西　そこからも機会があるたびご連絡させていただいたりしていたんですが…ラジオに出させてもらうようになり、今こうして木曜日に地続きで増田さんの後に出させていただいているのは非常に縁を感じております。

増田　ラジオで言うと、中西さんはＭＢＳでずっとやられてますよね。

中西　ありがたいことです。もう10年ですね。

増田　僕はＭＢＳでは1年目から「ヤングタウン」（以下、ヤンタン）をやらせてもらったんです。そういう意味でも僕にとってはＭＢＳは「ラジオの小学校」という感じですね。その前にＫＢＳ京都でラジオカーに乗せてもらってたんで、僕の中では幼稚園がKBS京都、小学校がＭＢＳ。で、中学校が「ブンブンリクエスト」をやってたのでＯＢＣ。「どーだ！ますだおかだ」（★1）でもう1回戻ってるので高校がＭＢＳ、そこから東京に行き、短大がニッポン放送です（笑）。１人で

★1　2002年秋〜2006年春、2008年春〜2009年春に放送。おもに深夜枠に放送されていた。

帯番組をさせてもらってたのと、「オールナイトニッポン」もやってた時期があるんでね。そこからまた、ナイターオフの番組（★2）でMBSに戻ってるんです。3年編入でMBSという大学に入り直しました（笑）。

――すごいラジオ遍歴ですね。

増田　ラジオはもともと好きでしたけど、実はMBSさんでナイターオフをやらせてもらったあたりからめちゃくちゃ楽しく感じたんです。その後、いいタイミングでABCさんから「よなよな…」（★3）のレギュラーの話をいただいたので、大学院の方に進学させていただきました（笑）。好きなラジオを極めたくて、まさに「院」でじっくりと研究させていただいている感じですかね。ただ、僕はずっと茶屋町の血が流れてるので、もしかしたら昔からABCにこだわって聴いてきた人たちには違和感があるんじゃないかな…とか、少し不安になりながら「よなよな…」を始めたんです。

中西　それぞれ好きな人がいらっしゃいますもんね。ABCをずっと聴いている人もいれば、MBSしか聴かんという人がおったり。今、僕は両方でやらせてもらっていますけど、両方のリスナーさんから身内のように接してもらって、ほんまありがたいです。

増田　いいとこ取りですね（笑）。今で言うと、（両局でレギュラーを持っているのは）中西さんとナジャ（・グランディーバ）さんですか。ナジャさんはMBSではメインですね。

中西　あらゆる要素を隠れ蓑にしながら、向かい風がそんなに当たらんようにやらせてもうてます。せやけどね、この秋からナイターオフの番組を向こうでやらせてもらうんです（★4）。

★2　「with…夜はラジオと決めてます」（2012年）、「週刊ますだスポーツ」（2013、2014年）

★3　2014年春〜2021年秋。月〜木曜22時から放送していた生ワイド。増田は2018年春から火曜を担当。塚本麻里衣（塚本が産休に入った後は増田沙織）とコンビを組んだ。

★4　タイトルは「中西正男のえらいすんまへん…。」

ますだおかだ増田
ますだおかだ　ますだ

1970年2月9日生まれ。大阪府出身。松竹芸能所属。1993年に漫才コンビ・ますだおかだを結成。翌年ABCお笑い新人グランプリ最優秀新人賞受賞を機に数々の漫才・お笑いの賞を受賞。2002年にはM-1グランプリに優勝、第二回チャンピオンに。ABCラジオには2018年4月から「よなよな…」火曜日にレギュラー出演。現在はパワフルアフタヌーン枠の木曜「ますだおかだ増田のラジオハンター」に出演中。大の阪神ファン。

増田　いよいよ冠番組ですか！　ナイターオフでやっていくと「そろそろがっつり通年でやらせてほしいよな」って中西さんの中で欲が出てくるわけですよ。そのタイミングで、ＡＢＣさんから「中西さん、レギュラーでこの枠あるんですけど」と言われ…。さて、中西さんはどっちに骨を埋めるのかを考えなあかん（笑）。

中西　そうかそうか。それは難儀な。

増田　ラジオってね、こういうのがあるんです。テレビだったら平気でどっちにも出てるのに、ラジオだけは「こっちやっているとあっちが出にくい」って思うし、局側も「あっちに出てるから声をかけにくい」みたいで（笑）。

中西　僕がお世話になってるメッセンジャーあいはらさんは、毎日放送のど真ん中、メインどころにいる方ですけど、「もっといろいろ言うてきてくれてもええのに」ってよく言うてはります。

増田　リスナーにもそういう(「あっち」「こっち」の)意識はあると思うんですけど、「よなよな…」が始まった時、最初は完全にMBSのナイターオフの番組でついてくれていた職人さん、リスナーさんたちが盛り上げてくれましたね。そうやって助けてもらってる中で、なんとなくABCにも溶け込ませてもらったと思ってます。

リスナー像とラジオの種類

増田　がっつりどちらの局も朝から晩まで聴いてきたわけじゃないですけど、肌感でいくと、割と営業車に乗ってバリバリ動いてるような40代、50代がMBSのリスナーさんに多くて、少し落ち着いたもう少し上の大人な方がABCを聴いてるぐらいの感覚ですかね。もちろん、いろんな世代が混じっているとは思うんですけど。あと、僕ら子どもの頃は、やっぱり「ヤンリク」と「ヤンタン」があったから、ABCはアナウンサー、MBSは芸人さんが真ん中にいるイメージがずっとあって、お笑い要素をどんどん追及していきたい人はMBSにハマりやすい。ただ、お笑いを突き詰めていくと、どんどん狭いところに行くんです。マニアックになったり、シュールになったり。それがしんどくなって、ほどよい面白さを求めるとABCの方が聴きやすかったりする。まぁこれも勝手な思い込みですよ。

中西　「ラジオまつり」なんかを思い浮かべると、芸人さん、タレントさんがいっぱい並ぶのが

ＭＢＳで、ＡＢＣはアナウンサーさんが真ん中におれば、ラジオを中心に活動されている方もおる。喩えとしてはどうしても雑になってしまいますけど、大間のマグロや神戸ビーフやらの食材を使うＭＢＳと、ええダシで「かぼちゃの炊いたん」や「おひたし」を出してくれるＡＢＣ。まぁどっちが良い悪いやなくて、完全に好みですけどね。

増田　局が同じでもいろんなスタンスの番組が揃っているから、リスナーさんとしてはチョイスしながら聴くことになりますよね。好みのパーソナリティだったり、内容だったり。ラジオ番組は何種類かに分けられますけど、例えば、「喋る」「伝える」「話す」「語る」あたりかな。「語る」ラジオ」が好きな人もいれば、「話す」ラジオが好きな人もいる。わかりやすく言ったら「喋る」は4人ぐらいでの井戸端会議のイメージ。「昨日のテレビ見た?」のような感じが「喋る」。「この1週間、こんなことをやってきましてね」っていうのは「話す」ラジオかな。そして自分の頭やハートの中にあるものについて触れるのが「語る」ラジオ。新聞にはこんなニュースが載っていて、巷ではこんな情報もありますよ、というのが「伝える」ラジオ。局を跨いで聴く人って、この種類の好みで聴き分けているんじゃないんですかね。

僕の場合、「喋る」ラジオがあまり好きじゃないんですよね。ファミレスで隣のテーブルの会話を聴くようなね。特に関西は多いですけど、僕はあまりそっちは聴かなくて、リスナーに向かって話してくれている感じを求めてしまう。「話す」とか「語る」系のラジオですよね。「伝える」系の番組は朝によく聴いてますね。新聞に何が載ってたかを教えてくれるような番組ですね。そう思ったら時間帯で求める内容も違ってきますよね。最近は夜にラジオを聴くことがないですけ

中西正男
なかにし　まさお

1974年9月19日生まれ。大阪府出身。大学卒業後、デイリースポーツ社に入社。芸能担当となり、お笑い、落語、宝塚などの現場を取材。2005年からは読売テレビ「なるトモ!」の芸能担当として出演。2012年にデイリースポーツを退社し、KOZOクリエイターズに所属。現在は芸能記者としてテレビ・ラジオ出演に加え、多数のメディアに執筆している。ABCラジオには「ウラのウラまで浦川です」木曜、「高山トモヒロのオトナの部室」に出演中。2022年「なぜ、この芸人は売れ続けるのか?」（マキノ出版）を上梓。

ど、深夜なんかはマニアックに、少し深いところまで行ってもよいので、語りかけてくれるようなラジオが向いていますよね。

――「ラジオハンター」はお昼の番組ですが、どれが合うんですか？

増田　これが難しいんです。割と昼のラジオは「ＢＧＭ」にならなあかんのかなって思うんです。この時間帯から語られてもしんどいですから。仕事をしながら聴いているという人も多くて、聴いていての心地よさというか、ある意味聴き流せるような話が昼には合ってるのかもしれない。と思いつつ、タイムフリーで聴いてる人も多いしなぁ。

中西　今はラジコがありますからね。聴くタイミングもバラバラになりつつありますよね。若い肉体を駆使して働いてる人たちに向けた濃い味付けの料理がいいのか、年配の方に向けたあっさりしたものにすべきか、出すべきものが難しい。

増田　「これ、ちょっと味濃いな」と思われたら、すぐに違う局に替えられますからね。正解ってないですけど、僕は3時間の中で、なんとなく分けてますね。オープニングは自分のあったことを「話す」。ニュースのところでは「伝える」。ネタを読むところは、これはもう職人さんがしっかり考えていたのをベストなタイミング、順番で出していくというそっちの役割ですよね。これも一応「伝える」に近いんかな。ゲストコーナーは、人によっては「語って」もらったり、「喋る」ラジオになるところもあったり。メールをもらっていろいろトークするところは「喋る」ラジオですよね。うん、いろいろ混ぜてやってる感じがあります。

中西　3時間、ご自身でバランスをとりながらやってらっしゃるんですね。

増田　一応、そうですね。だから、よくね、テレビ番組のスタッフさんで、きっとラジオをそんなに聴いたこともないだろうなという人が「今度の企画、ラジオ的なテイストでやりましょう！」とか言ってくるんです。何も決めずにウダウダ喋るのがラジオやと思ってる。いやいや、ラジオってめっちゃ種類あんねんで！って、イラっとします（笑）。

中西　僕の場合は浦川さんと高山トモヒロさん（★5）のラジオに出させてもらってますけど…。

増田　ぎょうさん出てますね。

中西　変に食い荒らして、えらいすんまへん。外来種のよく分からん虫がね（笑）。それでね、浦川さんの場合、オープニングが「話す」なのかな？　そしてニュースは「伝える」でしょうけど、浦川さんはここがパラメーターマックスですわ。もしかしたらその中には「語る」ところが

★5　「高山トモヒロのオトナの部室」（日曜23:00〜23:30）。高山トモヒロと歌手・俳優のILHWAと中西の3人が出演。2016年4月から放送。

あるのかもしれませんね。そして浦川さんの場合、ここにプラスして「呪詛」、呪いの言葉が加わるわけで。

増田　「呪う」ですね（笑）。あとは「布教する」。

中西　布教もありますね（笑）。まあそこは特殊なテイストですから、他の味とはまったく違うもんがあるんやろうなと思ってます。

増田　茶屋町の方には「吠える」がありますから。

中西　ほんまや。「吠え」からの「ショッピング」とかもうマネできません。「こんなもん政治家がアホやからあかんねん！」と言うたそばから「このおせち、むちゃくちゃうまい！」と来ますから（笑）。

ピッチャータイプとキャッチャータイプ

増田　アナウンサーさんで言ったら、僕はＭＢＳの方とあまりガッツリ絡んでないですけど、「ヤンタン」を始めた頃は松井愛さんがまだ入社2年目でした。それが今はもうＭＢＳの朝の番組で完全にピッチャーとしてやってるじゃないですか。それでね、そうか！松井愛はピッチャータイプだったんやって、ラジオを聴いて改めて思いましたね。僕らと一緒にやってた頃は、まだ1年目のますだおかだ相手にキャッチャーとして頑張ってくれてたんやなと。当時、一緒にやっていてなんか違和感があったんですけど、今から思ったら「あぁこの人ピッチャータイプ」やったんやって気づきました。

それで言うたら、今、僕が一緒にやっている武田和歌子さんはキャッチャーですよね。僕の球を綺麗に音を鳴らせて捕ってくれますよ。名キャッチャーです。で、以前「よなよな…」をやってた塚本（麻里衣）さんはね、あの時はキャッチャーとしてやってくれてたんですけど、どうもピッチャー思考なんですよね。なんかわざとポロッとこぼしたり、捕れるのにわざとスルーしたりとか。そこがかえって心地よかったりもするんです。なんやろ、ちょっと話をしたときに貶してくれたりね。「またまたそんな言うて、調子乗ってんちゃう？」とかが心地いい。和歌ちゃんはもうインタビュアーとして素晴らしいから「それが増田さんのいいところじゃないですか」と乗せてくれるタイプ。だからこっちからすると、キャッチャーの人に投げる時の球と、ピッチャー思考の人に投げる時の球はまた工夫せなあかんのかなって思ったりもするんです。

中西　10年前ぐらいから「松井愛のすこ～し愛して♡」という松井さんがマウンドに立つ番組に毎週出させてもらっていて（★6）、横で見てるとね、しっかり自分の番組やから投げなあかんと思ってやってはるところももちろんありますけど、なんやわからんようにボールに痰とかをつけてるなって時もある（笑）。松脂じゃなくて、痰をつけてるやんって。それぐらいマウンドに立つってことは大変なんやなって思います。

増田　もうそれぐらいの域に来たってことですよ。ピッチャーが投げないと、野球が始まらんでっていう。

★6　中西正男は月曜の11時台から登場する。

中西　そらね、昔と変わらずお綺麗ですけど。せやけど、ベテランですから。

増田　塚本さんで言うたら、今もやっぱり役回りとしてはキャッチャーをやる番組が多いんですけど、吉弥さんの番組で吠えるコーナーがあるみたいですね（★7）。僕、まだ聴いたことないんですけど、そこではいろんな球を投げてるんやろうなって思うんですよね。ちょっと思うのが、塚本さんはまだ新婚ですけど、結婚生活の中で感じたちょっとしたイライラなんかをラジオで出すと絶対面白くなるやろなって。松井愛を向こうに回して、そういう日常のちょっとした不満を出すピッチャーのラジオも聴いてみたいかな。

心の特別な棚にラジオを置いている

――両局では大御所と呼ばれる芸人さんが今も喋り続けてらっしゃいます。

増田　「ヤンタン」ではさんまさんや鶴瓶さんですね。ラジオを大事にされてますよね。芸人として思うのは、ラジオをやってる時とやってない時とでは、1日、1週間の過ごし方が変わってくるんですよ。普段から次の放送で喋れることないかなぁと気にしてたり、面白いことがあったらメモったりする。これはラジオをやってなくてもある程度はするんですけど、それが浅くなる。深さが全然違ってくるんです。例えばヘンなおっちゃんとすれ違ったとします。これがラジオをやってると、「ちょっとあのおっちゃんについて行こうかな」なんて行動にも繋がるんです。だから、

★7　「きっちり！まったり！桂吉弥です」のコーナー「塚本麻里衣の代弁します」のこと。リスナーに代わって塚本アナが吠えまくる。

ラジオに対してそこまでのモチベーションを持てる芸人にとっては、ラジオをやること自体がもうプラスでしかないんですよ。ぶっちゃけその時間はギャラはもらってないですよ。個人事業主の皆さんと一緒で、サボろうと思えばなんぼでもサボれる。でも頑張ろうと思ったらなんぼでも頑張れるんです。

中西　ＡＢＣでは上沼恵美子さんも「こころ晴天」を30年やってらっしゃる。僕もお仕事でお世話になっていて、ご飯にも行かせてもうたりしてるんですけど、そこでラジオのことをよく言わはるんです。そんなに長々とは言わないんですけど、要所要所でラジオについて話されるんです。やっぱり、ご自身の中でラジオをやってるということが、自信であり、誇りであり、自分の研鑽でもあるんでしょうね。心の特別な棚にラジオを置いてあるんやろなっていうことは感じます。

——若手芸人からすると、なかなか入り込む余地は少ない？

中西　僕のような門外漢のおっさんが言うのはすべてが浮ついた言葉になりますけど、芸人さんでもラジオに向いてる人と向いてへん人がいますからね。ただ、それこそ一旦やらはったら、さんまさんや鶴瓶さんや上沼さんみたいに何十年も続いていく番組になりますし、やればやるほどどんどんどんどん味が出てきます。どっちか言うたら循環が難しい世界なのかもしれませんけど、喋ってるだけでこんな面白いん？っていうような人が出てきてほしいですね。

増田　自分のファンに向けたものだったら何も関係なくできると思うんですけど、ラジオはファンじゃない人も聴いていますからね。しかもある程度年齢層も高めなので、話の厚みだったり、説得力だったり、どうしても経験がないとリスナーには響きにくいんですかね。今の地上波テレ

ビでは見るものがないという年配の人たちがBSに流れているという話もありますけど、そういう人たちは割とラジオにも来てくれていると感じます。若いリスナーさんをどんどん掘り起こしていかないとあかんとは思うんですけど、上の年代の方々の居心地が良い場所であって欲しいなとは思いますよね。そうなると、喋り手も求められるのは若手ではなくなってくるのかな。

中西　ブラックマヨネーズさんは若い時にABCでラジオをやられていましたよね（★8）。僕は個人的にはナイスガイのラジオが面白くないと常々言うてるんですけど、吉田さんはもうそれはひねくれてるもんですから、めちゃめちゃ当時から面白かった。それが何十年経った今もちゃんと売れ続けている。若手でも光るものがあった人はやっぱり上まで行かはるんやなって思いまし

★8　「ブラックマヨネーズのずぼりらじお」（2002年10月〜2005年4月）。放送期間は2年半ではあるが、今もなおそのおもしろさが語られる番組。

た。だからとてつもなく難しいことですけども、光る人がラジオから出てきてくれたらええのにな、って思います。

増田　ブラマヨの場合は若かったけれども、純粋な面白さでその壁を乗り越えてきましたよね。そのパワーでいわゆる上の年齢層も満足させた。その頃、僕らはＭＢＳで「どーだ！ますだおかだ」をやっていて、たまたま「ブラマヨのラジオ面白いねー」という話を番組内でしたんです。そしたらリスナーが「ずぼりらじお」に報告したみたいで、ブラマヨが喜んでくれてプレゼントを贈ってくれたんですよ。何かなと思って箱を開けたら…瓶なんです。透明の瓶で、何も入ってない。中を覗いても空。後で聞いたら、小杉くんがそんな中におならを詰めてたらしいんです。他事務所やけど、俺ら一応先輩やでって（笑）。それ思い出しましたわ。

増田がラジオに臨む際のこだわり

――お二人は「ラジオハンター」「ウラウラ」と同じ曜日で出演されています。「ここを味わって」という「旨味」を最後に教えてください。

中西　浦川さんみたいなダシが出る食材はないですからね。昆布やったらグルタミン酸、鰹節やったらイノシン酸。貝やったらコハク酸みたいに出るダシの方向性が決まってますけど、もう四方八方いろんなダシが出ますから。それでそのダシで炊いたらそら美味しくなる。それが余所にはないものやから、一遍そのダシを吸ってみてください。一遍で腹下すかもしれませんけど。

増田　僕の場合は、やっぱりネタの職人さんたちの腕、面白さには注目してほしいなと思います。「ふつおた」的なメールは事前に目を通してなくて、そこはもう作家さん、スタッフさんにお任せしています。むしろオンエア内で初めて知りたいと思う方なのでチェックしてないんです。だけど、作品とかネタに関しては、放送上問題ないかを一応選ばせていただいているんです。ただ、なるべくボツにはしたくないので、ネタをストックしておくんですね。今週は読まれへんけど、もしかしたら読んだら面白いタイミングが来るんちゃうかなって、ずっと置いている。リスナーさんからしてもびっくりすると思いますよ。1年前に送ったやつが突然読まれた！って（笑）。（ネタを）読む順番も自分の中で計算しているつもりなんですよ。これを振りにしてここで回収して…って感じで順番も考える。野球の監督が打順を組むのと一緒です。1つのコーナーで15枚読むんですけど、その組立をするのにめちゃくちゃ時間をかけてますね。だから入り時間がめちゃめちゃ早いって言われるんです。「ラジオハンター」に関しては10時に入ってます。

中西　はー、早い！

増田　2時間前ですね。それでも全然時間がない。10時に入って10時半までは新聞を見ますわ。で、10時半になったら、ネタメールをスタッフが持って来てくれるからそれを30分ぐらいで捌きます。11時になったら進行表が来るから確認しつつ打ち合わせをして、気づいたらもう12時。全然時間がない。ぶっちゃけ、ネタはめっちゃ来るんで、30分では打順まで組まれへんから、実は前の日にホテルに入れてもらってるんです。

中西　ホテルにですか？

増田　（個人情報もあるので）ネタだけね。で、まあ僕、前日の水曜は19時までテレビの生放送があるので、19時半にホテルに入ってお弁当を食べて、20時から22時ぐらいまで2時間かけてベッドの上にネタを並べるんです。

――すごい！

増田　やってるんですよ、実は。言いたくないですけど、言ってしまいましたね（笑）。あーでもない、こーでもない言いながら、2時間ホテルで悩んでる。今は2つのコーナー（★9）があるから2回に分けてですけど。それで次の日の朝10時に入って、新たに届いてるネタがあるから、そこで入れ替えたりして、打順を組み直す。で、当然ボツになるやつもあるから、ストックしておきたいものは取っておくと。そのホテルでの2時間はもちろんギャラはもらってませんよ。自主的というか、やっぱりラジオを支えてもらってる職人さんのネタやから大事にしたいと思うんです。

――いつからやってらっしゃる？「よなよな…」から？

増田　さすがにホテルではしてませんけど「よなよな…」の時はもうやってましたね。もっと言うたら、昔の「どーだ！ますだおかだ」とか「オールナイトニッポン」でもそのスタイルでした。そのときは当日早めに入ってやってました。さすがに（今は）お昼のラジオやから、朝8時に来たら引くでしょ？（笑）

中西　鶴太郎さんやないんやから（笑）。

★9　「令和の子・昭和の子」と「虎耳アワー」。

増田　僕も昔「ヤンタン」とかのハガキ職人をしてたから、やっぱりボツにされた時に、「スタッフが勝手にボツにしてるだけちゃうん？」と思ってたんです。パーソナリティにボツにされたら納得するけど、そこに届く前にボツにされてたら腹立つなっていうのがあったから、なるべくやってます。だから逆に嫌われますよ。なんや増田、全然採用してくれへんやんけって（笑）。そのリスクはめちゃくちゃでかいです。そやけど、頑張って送ってくれてるものに関しては、こっちも真剣に向き合いたい。それがラジオの武器やからね。メールの数は武器の数なんです。まぁ、やり方が正しいかどうかはわからないですけど。疲れて本番に入ってたらダメやね（笑）。

ミルクボーイ×制作スタッフ

ミルクボーイの火曜日やないか！

火曜12:00 ～ 15:00
Mail mb@abc1008.com

ミルクボーイの煩悩の塊

月曜24:30 ～ 25:30
Mail boy@abc1008.com

インタビュー・文・写真｜梅田庸介

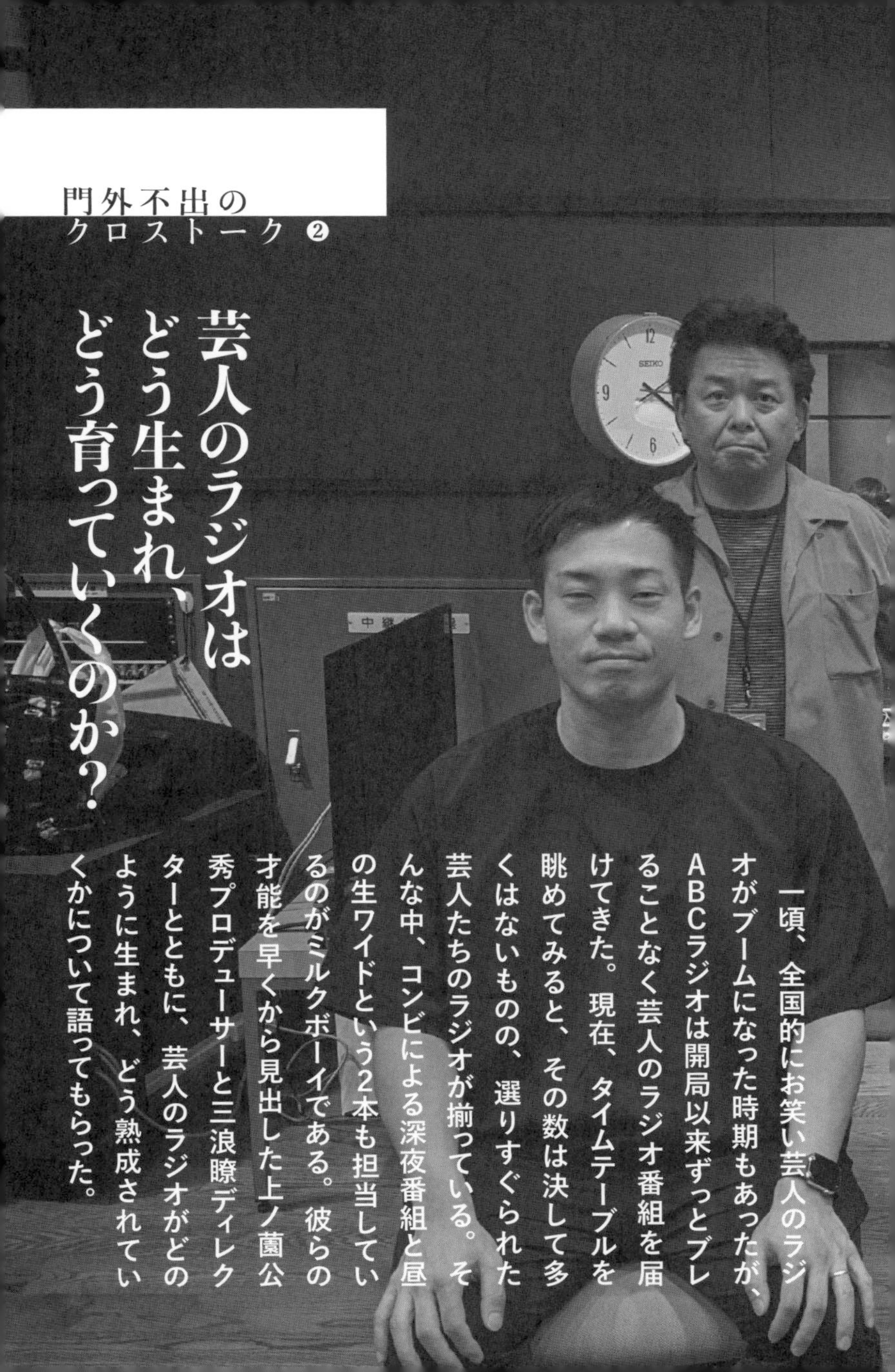

門外不出の
クロストーク❷

芸人のラジオはどう生まれ、どう育っていくのか？

一頃、全国的にお笑い芸人のラジオがブームになった時期もあったが、ABCラジオは開局以来ずっとブレることなく芸人のラジオ番組を届けてきた。現在、タイムテーブルを眺めてみると、その数は決して多くはないものの、選りすぐられた芸人たちのラジオが揃っている。そんな中、コンビによる深夜番組と昼の生ワイドという2本も担当しているのがミルクボーイである。彼らの才能を早くから見出した上ノ薗公秀プロデューサーと三浪瞭ディレクターとともに、芸人のラジオがどのように生まれ、どう熟成されていくかについて語ってもらった。

衝撃の漫才以降、贔屓の引き倒し⁉

――どれくらい前からのお付き合いですか？

上ノ薗　番組では桂紗綾の「ラジオ演芸もん」（★1）に出てもらったのが最初かも？

内海　それが最初ですか？

上ノ薗　実はそのずっと前、２０１０年の暮れにあった「ＡＢＣお笑いグランプリ」の予選で僕が審査員をしていたときに見ていて。

内海　予選っていうか、準決勝くらいの感じですよね。決勝に行く直前の。

上ノ薗　そうそう。スタジオでやったんですけど、これが朝から夕方まであるんですよ。煩悩の数やないけど、１０８組ぐらい見なあかんのよ。

駒場　めっちゃいたと思います。

上ノ薗　ずーっと点数をつけていくんですけど、そこでミルクボーイが抜群に面白かったんです。ほかの審査員もみんな良かったたって言ってた。

内海　へぇー。

上ノ薗　その時は決勝がちょっと残念やったですけど（笑）。ただ、僕の中ではミルクボーイは完全に１番やった。それもそのうちいろんな芸人に上書きされていって（笑）、記憶も薄れ、消えかけてたところ、２０１７年ぐらいやったかな、その「ラジオ演芸もん」で…。

★1　2017年4月～2019年3月放送。日曜早朝の演芸番組。この番組のスピリットは「朝も早よから桂紗綾です」の「金曜演芸もん」に引き継がれている。

内海 崇
うつみ たかし
1985年12月9日生まれ。兵庫県出身。立ち位置は右。特技はけん玉。最近「みるかよ」ではクイズ王と呼ばれ、特に「あるなしクイズ」が得意。

駒場 孝
こまば たかし
1986年2月5日生まれ。大阪府出身。立ち位置は左。「駒ちゃん」と呼ばれることが多い。趣味はボディビル。第一子誕生後、赤ちゃんトークの比率が高い。

澤田有也佳アナウンサーと。

ミルクボーイ

2004年に大阪芸術大学の落語研究会で出会い、2007年に「baseよしもと」のオーディションを受けるため正式にコンビを結成。2019年に「M-1グランプリ2019」で優勝、2022年は「第57回上方漫才大賞」で大賞を受賞。ABCラジオでは「ミルクボーイの煩悩の塊」（2020年〜）、「ミルクボーイの火曜日やないか!」（2021年〜）を担当。

駒場　だいぶ経つなあ。

内海　その時ラジオはプロデューサーで色々やってはったんですか。

上ノ薗　やってた。でもちょっとお笑いから外れてて、三代澤さんの「ドキハキ」をやってたから、芸人をゲストに呼ぶというのも滅多になかったんよ。それに上書きされているから（笑）。で、その2017年に（「ラジオ演芸もん」で）、今「ボンカタ」の構成をやってる米井（敬人）くんが「落研の後輩なんです」って二人を連れてきて、「ああ、あの時のミルクボーイか！」ってつながった。その時に「漫才ブーム」（★2）を始め

★2　ミルクボーイ、デルマパンゲ、金属バット、ツートライブの4組で定期的に行われている漫才イベント。

ましたって告知をしていた記憶があるんよ。

内海　確かに２０１７年から始めてます。

上ノ薗　Ｍ－１を獲る2年前やね。で、そっからまた間が空くんですよ。２０１９年に兵動さんが「ほわ〜っと演芸会」（★3）というイベントをＮＧＫでやったときにミルクボーイも出ていて、そのときすでに「もなか」（★4）を演ってたんです。もうね、こっちは初見やったから、耐性がなかったこともあってひっくり返るくらい笑った。今でも覚えてますけど、僕と横に柴田博（アナウンサー）がいたんですけど、おっさん2人で叩き合いながら笑って（笑）。イベントが終わった後もお客さんはみんな「ミルクボーイすごかったな」って口々に言うてたのを覚えてます。

駒場　「ほわ〜っと演芸会」はＮＧＫの支配人も変わりたてだったんですが「こんな面白いとは思いませんでした。すみません」と言ってくれましたね。

上ノ薗　そら、あれを見たら、思うよ。だってもう、振り幅がすごい。変な言い方やけど「前説芸人」みたいなところに落ちてたのが、あれだけの笑いを取るんやから、びっくりしたやろうね。

駒場　だから「ほわ〜っと演芸会」はありがたかったです。

上ノ薗　それで、番組内の企画「ひょど－１グランプリ」（★5）のくすぶり芸人枠にミルクボーイを呼んでくださいって兵動さんもなって。もうこんなん優勝するの決まってるわと思ってました。そこからですね、もう「贔屓の引き倒し」ですわ（笑）。僕はね、どの芸人でも、オモロイと思ったら使いたくて仕方がなくなるんです。

――三浪さんはそのあとに？

★3　兵動大樹主宰の演芸イベント。通常、NGKで行われる。本文の当該イベントは2019年7月17日に行われた回のこと。

★4　M-1グランプリ最終決戦で披露したネタ。

★5　若手芸人を中心に集めて行われる「ほわ〜っとエエ感じ。」内のネタバトル企画。第1回優勝はニッポンの社長、第2回がミルクボーイ。

三浪　僕は今の話の中の2列後ろくらいの感じですね。「演芸もん！」の時はディレクターをやっていました。

上ノ薗　当時は対で動いてて。僕が面白いなと思う企画を担当してもらったりしていたんです。

駒場　上ノ園さんと三浪さんの出会いは？

上ノ薗　最初は面接で採ったんです。入社試験でこんな汚い履歴書を書くやつ、アホちゃうかって思ってね。何書いてるか読まれへん。

三浪　（苦笑）

上ノ薗　でもお笑いのことを知ってるっていうのがあってね。それで入ってね。

内海　入ってきてからずっと一緒ですか？

三浪　はい。

上ノ薗　もともとは1人やったからね。企画書を出して、やりたい番組を作るってなると、1人よりも2人の方がいいやん。いろいろお願いできるしね。

駒場　もう親ですね（笑）。

お試し特番の意義

内海　それで特番したんでしたっけ。

上ノ薗　（ひょど-１の）優勝者は何をやってもええからっていう特番枠を30分与えられるんですけど、ミルクボーイはね、「漫才ブーム」のメンバーを出してくれって言うたからね（★6）。まぁ欲のない芸人やなと思った。何回か「ほんまにええの？」って訊いたのを覚えてるわ。もちろんそういう形にはいくらでもできるけど、僕らとしたら番組を作った感はないねん。

内海　確かにね。

上ノ薗　ミルクボーイに何をさせるか、が僕らの仕事やからね。だから、突っぱねようかなとも思ったけど、（漫才ブームの）兄貴分でずっとやってるから、叶えさせてあげようと思った。まだM-１の予選の途中やったしな。

――お二人はその時どういう思いだったんですか？

内海　正直、漫才のことしか考えてなかったと思いますね。別にラジオでやりたいってことがなかったですし、漫才のラジオもええんちゃうくらいで。とにかく漫才熱が強かったんです。でもあんま評判よくなかったんですよね？　上ノ薗さん言うてはりました。

上ノ薗　うそやん（笑）。まぁ評判と言うか、やっぱり「芸人ラジオ」と思って聴くから、「あ、こういうやつなんや」って思われたんちゃうかな。それとね、言うてももっとメイン感を出していくんかと思ったけど、そうでもなく（笑）。

駒場　ライブをそのままラジオでやった感じですね。

上ノ薗　言ってみたら自己紹介も兼ねた自分らのPR番組でもあるわけで、「ミルクボーイは漫才以外も面白いな」というところを聴かせるのが僕らの役目やと思ってたんでね。それにみんな

★6　2019年6月放送の特番「ラジオ！漫才ブーム」のこと。ひょど-1グランプリの優勝特典。

上ノ薗公秀（写真手前左）
うえのその　きみひで

ABCラジオプロデューサー。「兵動大樹のほわ〜っとエエ感じ。」「ミルクボーイの煩悩の塊」「ミルクボーイの火曜日やないか!」「ますだおかだ増田のラジオハンター」等を担当。

三浪 瞭（写真手前右）
さんなみ　りょう

ABCラジオディレクター。「ミルクボーイの煩悩の塊」「霜降り明星のだましうち!」「東野幸治のホンモノラジオ」「ダイアンのラジオさん」等を担当。

バラバラでやったもんな。ツートライブが来て、違うときに金属バットが来て、それを足して編集するだけみたいな。

内海　みんなでトークもなくてね。

駒場　僕らがオープニングで喋るくらいでした。

三浪　それもめっちゃ短かったんですよ（笑）。

上ノ薗　本来であれば、こっちが作家さんと一緒に考えたコーナーをさせたりしていたら「あ、じゃあ次やる時はこうしよう」って話にもなる。もう次もないねん（笑）、あの形ではね。

M-1チャンピオンのビフォーアフター

――M-1優勝前日に放送されたという特番「プロテインラジオ」（★7）はどういう経緯で？

上ノ薗　あれは正確に言うと、僕ではなかったんですけど、営業寄りのプロデューサーがいて、プロテインのメーカーさんがあっての企画。だから駒ちゃん指名やったんですよ。いや、でもこれ、ミルクボーイ2人で出さんとあかんと言って、2人で出てもうた。それで、オンエアの次の日にM-1優勝やからね。あの2人の特番を前日にやってたのはエグい！ってなってね。

内海　収録したのが準決勝前後くらいでしたか。

上ノ薗　終わった後なんか食べに行ったよな。

駒場　居酒屋に行かせてもらいました。

上ノ薗　これ、後付けではないんですけど、僕ほんまのこと言うと、「プロテインラジオ」を収録した時、もうね、ほんま優勝すると思ってた。

内海　いやいや（笑）。なんでなんで？

上ノ薗　ほんま僕ね、ミルクボーイのことばっかり考えてるからかもしれんけど、よく夢を見たんですよ。

★7　2019年12月21日放送。ミルクボーイと小西陸斗アナが筋トレトークを中心に語った。

内海　あ、言うてたわ。夢は。

上ノ薗　ミルクボーイが優勝する夢を見てね。M－1の生放送で僕の名前を言ってくれるんです。

内海　「上ノ薗さん、獲りました!!」ってね。言う訳ないやん（笑）。

上ノ薗　そんなことがあったから、「プロテインラジオ」の収録のときに、僕ね、後ろポケットにタクシーチケットを入れてたんですよ。最後まで悩んだんですよ。これを帰りに2人に渡そうかどうか。でもね、「なんかそれ、ちゃうな」と思って、結局やめたんです。

駒場　すごい思い出ありますね。

上ノ薗　うん。それすごい覚えてて。その後2人はたぶん電車で帰ったんやけど。

駒場　そうやと思います。

内海　ここでタクシーに乗せたらあかんって？

上ノ薗　いや、ほんまにM－1を獲ると思ってたから。そんなもんチャンピオンになったらなんぼでもタクシーに乗れるわけやし。

駒場　熱いなあ。

上ノ薗　あの時僕は完全に取り憑かれてましたね。もうミルクボーイミルクボーイ言うてました。

内海　「ひょど－1」の時からずっと面白いって言ってくれてましたからね。テレビとかラジオの人で唯一見つけてくれてる人という認識でした。全然テレビとか出てなかったですもん。

駒場　劇場に来てくれてないと分からないですからね。上ノ薗さんって、今までそこまで入れ込んだ芸人さんはいるんですか？

上ノ薗　その前に霜降り明星がうまいことハマってね。三浪に「誰かおもろい奴おらんか？」って聞いたら、「霜降り明星っているんですけど」って。その時あまり劇場も行ってなかったから、確認しに行ったら、すごいウケてた。あれ面白い！となって、今は減ったけどお試しの特番がバンバンできていた時代だったので、霜降りで30分やってみたら、ＡＢＣお笑いグランプリを獲ってな。

三浪　収録日の直前が決勝戦でした。

――それがレギュラー番組（★8）にもつながったと。

上ノ薗　霜降りはまぁそんな感じでうまいこと行ったけど、ミルクボーイは「ラジオ漫才ブーム」の時にトークスキルが確認できてなかったから正直どうなんやろうなと。でも月1でやった「ボンカタ」のパイロット版を聴いたときに、あぁ普通にできるなと思った。えらいもんで、10年選手ぐらいになると、これぐらい喋れるんやと感心した。

――「ボンカタ」のパイロット版はどのタイミングだったんですか？

上ノ薗　それは残念ながらＭ－1獲ってからなんですよ。僕とか三浪は、やっぱり本当は「0」の芸人さんを救い上げたい気持ちでやってる部分もあるんですけど、Ｍ－1を獲ってしまったらいきなり「100」になってしまう。逆に「（番組を）やらないとダメなんじゃないですか」という会社への説得の仕方でしたよね。「Ｍ－1獲っちゃうと、もう大阪でレギュラーを持てないというパターンの芸人さんもたくさんいるので、月1から始めましょうよ」と言って。

内海　月1でしたっけ？

★8　「霜降り明星のだましうち！」のこと。2017年10月スタート。翌年、霜降り明星はM-1チャンピオンに。

上ノ薗　そうそう。その月1の作業をしている間にレギュラー化の作業も同時にしてるという感じやった。

――ちなみに特番が少なくなったとおっしゃいましたが、お試し番組は作りにくくなった？

上ノ薗　今は地上波では難しくて、だんだんその役目はポッドキャストに移行してきてますね（★9）。でもそのポッドキャスト自体もやれ配信数がなんぼやとか数字が言われるようになってきた。そんなのね、最初から話題性のある人間を連れてきたら、誰でも数字獲れるでしょ。どうなるかわからんような無名の子を呼んで売り出せたらいいんですけどね。

ネタ職人が自然と集う「ボンカタ」

――「ボンカタ」が2020年春から始まりましたけど、やっぱりABCでラジオをやるってことは芸人さんにとっては特別なことですか？

内海　正直どこの局とかはあまり意識してはなかったんですけど、ダイアンさんのラジオが好きで聴いてたので、同じ局でできるのは嬉しいっていう感覚でした。

駒場　僕はまあラジオ好きでよく聴いてはいたんですが、ABCがお笑いに強いとかそういう歴史的なことは知りませんでした。ただ、それより微妙に聴こえ方が違うというか、ブースの感じとか窓の感じなのか知りませんけど、ABCラジオの籠り加減って言うんですかね？　没入感が

★9　上ノ薗Pが作った「大国ベース」ではさまざまなオリジナル番組を配信中。ちなみにこの大国ベースがあるのは、昔ミルクボーイ駒場が住んでいたマンション。

あるというか、「ラジオ感」があって好きやなって思ってました。その局でできるのは光栄でしたね。

――「ボンカタ」はネタコーナーが豊富ですが、最初からそういうコンセプトだった？

上ノ薗　最初30分番組だったので「今週何があった」で大半潰れちゃうんです。だから１時間になってからですかね。半年ぐらいで１時間になったんかな。

内海　そうやったっけ。あんま覚えてないんです。

上ノ薗　その時、すごい忙しかったからね。

――メール職人的な人が付き出したのも、その１時間になってから？

三浪　それは最初から来てくれてましたね。

上ノ薗　まぁ欲張ったらかえって来ないしね。たぶん「コーナーのコーナー」（★10）なんて誰が予想したわけでもなくて。他局の人が聴いたら、羨ましいコーナーの成立の仕方やと思いますよ。

三浪　勝手に引っかかってくれたっていうのがありがたいです。

上ノ薗　他の芸人で同じようなことをしても多分うまいことといかへんと思う。

――自然発生的にどんどんできていったと？

上ノ薗　何かあったっけ？　でもなんかきっかけになる出来事はあるんやろうけど。

三浪　最初、「内海さんが優しい」っていう目撃情報があって、それをふつおた的に読んでたら、コーナーっぽくなっていったんです。それで「なんでもコーナーにしてくれるぞ」っていう流れになっていった。

上ノ薗　これはね、僕がＤ卓に座ってるとできてないですね。三浪やからそんなふうに転がって

★10　新しいコーナーを生み出すコーナー。おもにミルクボーイの会話の内容やワードから引っ張って来る。三浪Ｄが作るコーナーアタック音の数は無限に増殖中。

いったと思います。僕なんかは経験値が逆に邪魔して、一度決めたら崩さへんってなるんですけど、柔軟性と面白がるっていうのは重要ですね。

駒場　三浪さんの面白がり方は異常ですね。最初に「つかみ」を紹介するんですけど、それを写真にして台本（進行表）に残していくっていうのをずっとやってくれてて。

内海　マジ誰が見るわけでもない。

三浪　ちょっとクスッとしてもらったらいいかなって（笑）。

内海　「今週の出演情報」なんかもどこで調べたんやっていう営業の情報も書いてくれてたり。

駒場　コーナーの音もですね。ヘンなアタック音を作ってくれる（笑）。そこのボケに向かう執念がいいですよね。頼れるなぁって。

上ノ薗　難しいのは、僕らはサラリーマンやからね、担当が変わる場合があるんですよ。そのXデーがいずれ来る可能性はある。自分が立ち上げた番組はやっぱり世界観を変えたくないから、僕は変わりますけど、三浪は置いていきますっていうことはしますよね。

駒場　遺伝子は残しておくと。

上ノ薗　でも彼（三浪）もいずれ管理する側に回る時が来るやろうしね。笑いばっかりやってってもダメですよと言われるんです。僕もそう言われて、実際、歌番組やニュースもやったしね。

内海　そういう担当が変わった番組はその後も続くもんなんですか？

上ノ薗　離れた人間からすると、正直な話「おもんなくなったらええな」っていう意地悪な自分もおるんよ。収録中のドアが開いてて中からめっちゃ笑い声がしてたら、寂しくなる（笑）。そんなんはあるけど、それはもう制作マンの性質やからね。それで番組がピタッと終わることなんてないよ。番組をやってるのは芸人さんやもん。僕らはほんのちょっと支えてるだけやから。それはわかってるけど、ついつい自意識が過剰になる時があるんです。

内海　でも、出てる方も「なんかちゃうな」っていうのはあるでしょう。

上ノ薗　そういう時は離れた人に「居た時の方がよかったです」って言ったら、もうそら機嫌よくなるよ（笑）。

内海　そんなん言い出したら、ほんまに終わりそうな気がする（笑）。

昼ワイドは時期尚早かと思われていた!?

──昼の「みるかよ」は、どういう経緯で？

上ノ薗　まだ深夜で1年ぐらいしかやってないのに、昼に行くという話が出たときに、僕の中ではちょっと「ん？」ってなったんです。僕もずっと昼の番組をやってきたので、昼の厳しさも知ってるし。一番心配したのはジェネレーションギャップですね。やっぱり昼は高齢層が多いんです。50代が若いくらいで、60、70代が多いので、30半ばぐらいの人間が喋った時にどう思われるんかなっていうのがあったからね。だからもうちょっと、売れてからの人生を経験してからの方が引き出しも増えるんじゃないかと思ったんで、「マジでミルクボーイでいくんですか？」って

「ミルクボーイの火曜日やないか！」オンエア風景。昼ワイドのパーソナリティとしては異例の若さである。

訊きましたね。

駒場　最初は誰が言ってくれたんですか？

上ノ薗　編成が「ミルクボーイはどう」って話を僕に持ってきたんです。明確に反対はしないですけど…でも任されるんやったら負け戦にはしたくないやん。だからどうしようかと。皆さんのお勉強になるようなコーナーなんてできへんし。

――（パワフルアフタヌーンの）横並びがそうそうたる人たちですからね。お二人はお話があったときはどう感じたんですか？

内海　僕はお昼のラジオは上沼さんの番組くらいで、そんなに聴いたこともなかったですから、やる前は特に昼だから夜だからとかは思わなかったです。ただ、やり出したら、「うちの子どもが～」とか「おばあちゃんが～」とかのお便りが来て。「ボンカタ」のほうは生産者さん（★11）との関係

★11　「ボンカタ」でのリスナーの総称。

性もあるから「なんやそれ！」とか強めに言えたりもするんですけど、昼はほんまにほんわかメールとかあるので、そういう感じでもないなぁと。ちょっと勝手が違うんやと思いましたね。

——手探りの時期もあったってこと？

内海　いまだにですね。この人にはあまり強く言わん方がええかなとか、真面目そうやからやめとこう、とか迷うこともありますね。

上ノ薗　ミルクボーイは実質売れてからのキャリアで言ったら2年目ぐらいやからね。メールを読んだ後の受けをどうするのかなどの不安はあったんですけど、よく考えたら、そういう王道なことをさせようという前提があるから「ミルクボーイどうなんかな」と思うんであって、最初から若いアシスタントをつけて、「僕らの年齢の番組を聴いてください」って開き直ることにしたんです。だから「澤田（★13）は絶対で」と交渉しました。

——結果、ぴたっと昼にハマりましたよね。今や何の違和感もない。

上ノ薗　もう正解がわからないですよね（笑）、ほんまに。まぁミルクボーイの世界観だけじゃなくて、澤田の世界観が好きっていう人もいるし。逆にもしミルクボーイが売れてから何十年もしてからだったら澤田はもっと目立たんように、となってたかもしれないわけで。

——駒場さんは昼のラジオについてはどう感じますか？

駒場　僕もずっと聴いてた兵動さんや上沼さんのあの枠に行けるんや！っていう嬉しさがまずあって。それにずっと生放送をやってみたいというのもあったので嬉しかったですね。だけど、いざ始まったら難しさは感じます。

★12　澤田有也佳アナウンサー。「みるかよ」で見せる変幻自在の憑依系恋愛小芝居に魅了されるリスナーも多い。番組内での愛称は「サワディー」。

――一番難しいのはどういうところ？

駒場　もっと反射せなって思いますね。それこそさっき言ったメールに対してどういう話を持ってくるかとか。後から「あの話をすればよかった」と思うことだらけです。付随することなさすぎるなぁとか。収録ならちょっとゴニョとなっても三浪さんがなんかしてくれますけど、生放送はそのままですからね。でもその分めっちゃやりがいはあります。結構1週間「ボンカタ」と「みるかよ」のことばっかり考えてるかもしれないです。

――どんなエピソードを話せるかという？

駒場　そんなデカい話じゃなくても、ちょっと変な感じやなと思ったことをどう話すか…とか。仮に「変な感じ」のような話題やったらストレートにそこに持っていけますけど、全然違うところにどう持っていけるかを考えますし、「あの話そっち方向に変換できたやん！」と後から思うこともめちゃめちゃあって。ムズいですね。改めて兵動さんなどの長年やってはる方たちの凄さを感じますね。

キラキラとドロドロの両面を

――「ボンカタ」「みるかよ」の意気込みなどをお伺いできればと思います。

内海　なんかイベントはしたいですけどね。結構劇場も来てくれるんですよ、リスナーの人が。

上ノ薗　いろいろ大人の事情もありますけど、一番は聴いてる人を大事にせなあかんので、やりたいですよね。

三浪　僕もイベントはやりたいですね。他の番組と比べても「ボンカタ」はリスナーさんの年齢層がめっちゃ広いんです。結構上の方でも笑ってしまうメールとかを送ってくださいますし、女性も多いですから、そういう幅広さを実際に見てみたいですね。

駒場　僕はミルクボーイってものの、キラキラしたところとドロドロしたところを二つの番組で見せられたらええなと思ってますね。キラキラしたところはおもに「みるかよ」で、〝ミルクボーイサザエ〟の最後のどろどろやけど美味いみたいなところを「ボンカタ」で。どっちも僕らので、そういう楽しみ方をしてくれたらええなって思います。

三浪　「ボンカタ」では目の前の相方をちょっと笑かしたろとか、逆に怒らせたろっていうのが見えた時に、ラジオを楽しんでくれてるなと思いますし、そこが聴いている人も面白いんだろうなって思います。

駒場　深夜ならではですね。誰かがおったら違いますもんね。

内海　昼はね、「サワディー」がおるから夜とは違う感じにはなるんですけど、どうですかね？昼と夜とで違う感じになった方がええんですか？

上ノ薗　そんな小器用に使い分けなくてもええけどね。喋ってる途中で、「あ、これボンカタでも言ったやつや」とか、そうなるのが人間やと思うしね。

内海　今は月・火と近いからね。

上ノ薗　ただ、どこか頭の片隅で、聴いてもらってる人の年齢層や雰囲気、時間が違うと思っておいてくれたらそれでええんちゃうんかな。

内海　昼なんて店で普通に流れてたりしますもんね。

上ノ薗　だからあと何年か経ったら、若いコから「学生の時に聴いてました」って声掛けられるよ。テレビもいっぱい出てるのに、声かけられるのは「昔、ラジオ聴いてました」なんよ。

内海　それは今でもほんまに多いですよ。街中とかタクシーでめっちゃ言われるし。

上ノ薗　そういうこともあるので「ラジオもやっててよかったな」と思ってほしいです。

入社早々、ABCラジオ深夜の人気番組だった「ヤンリク」が終了してしまい目標を失った芦沢誠。そこから茨の道を切り拓き「ミュージックパラダイス」を立ち上げ、人気番組に押し上げた。一方で、入社早々自らも関わった「ミューパラ」が終了し、自信を根こそぎなくしてしまった北村真平。そこから這い上がり「よな水」で実力発揮。そして何の因果か2021年に「ミュージックパラダイス」が復活、その水曜を担当することに。

どことなく似た道を歩む新旧ミューパラパーソナリティが語る、深夜ラジオの魅力とは?

芦沢 誠

あしざわ まこと

インタビュー・文・写真｜梅田庸介

門外不出の
クロストーク ❸

「ミューパラ」黄金時代、再び

北村真平×
きたむら しんぺい

初代「ミューパラ」誕生前夜

――芦沢さんは新人の頃から深夜ラジオに出てらしたイメージです。

芦沢　僕が入社した1986年秋にそれまで長きにわたって続いていた「ABCヤングリクエスト」が終わったんですよ。1つ上の伊藤史隆さんのように、キャリアがなくても何か認めてもらえるところがあれば自分にもチャンスがあるのでは?くらいに思っていたので、ひとつの励み、目標でしたね。何の根拠もなくずっと続いていくもんだとも思っていたこともあって、「ヤンリクが終わる」と聞いたときの衝撃はそりゃ激しいものがありました。目標がなくなったわけじゃないけど、この後何が始まるのか、自分はそこで何をすべきなのかが見えない時期がありまして、実際「ABCミュージックパラダイス」(以下、ミューパラ)が始まるまでの間は幾度となく番組が変わって(★1)、正直、暗黒の時代でした(笑)。半年や1年で結果が出なかったら「はい次!」という中で、この先どうなっていくんだろうという不安を抱えながら、深夜放送に必要以上の期待が持てなくて、「なるようにしかならんわ」と諦めに似た境地だったのも事実です。それが1991年から始まった「ミューパラ」という番組が、設(しつら)えからして「現状を打破していく!」と気概に満ちていたんです。学生アルバイトを大量に雇って「ADs(エーディーズ)」と名付けて、取材なども手伝ってもらってました。あの頃、日に4、5人は入ってましたから、今では考えられません。

★1　芦沢は「ABCラジオファンキーズ」(1988)、「ABCラジオシティ」(1988-1990)を担当。

芦沢アナがオンエアの度につけていたノート。オンエア曲やその日の感想などが綴られている。

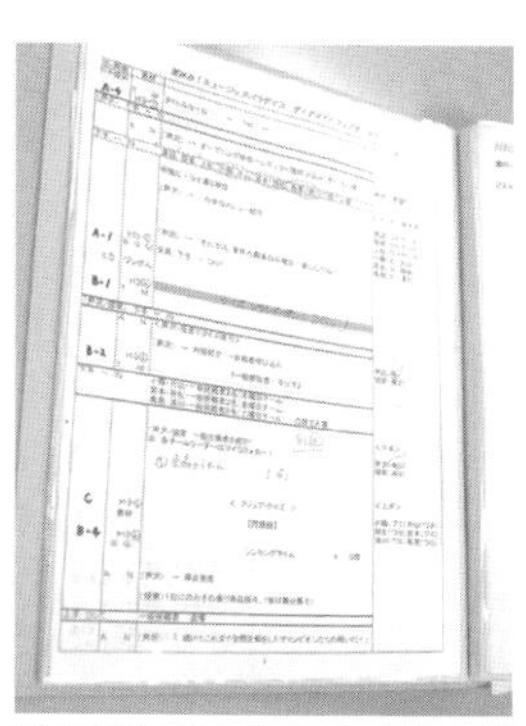

1998年に行われたイベントの進行表。芦沢アナのほか、小縣、浦川、枝松の名前が見られる。

北村　当時「ミューパラ」が始まったとき、明確にターゲットは中高生だったんですか？

芦沢　そうそう。中高生オンリー。それに「ミューパラ」の目標は「ぶっ倒せ！ブンブンリクエスト」（★2）だったんです。これまで何をやってもレーティングで勝てず、「クソー」と思ってきた人が集まってできたのが「ミューパラ」なわけです。だから大きな柱は「ＯＢＣに追いつけ追い越せ」だった。

アッシー月～木体制で徐々に結果が！

――「これはいけるぞ！」と手ごたえを感じた瞬間などはありましたか？

芦沢　当時レーティング（聴取率調査）が年何回かあって、一生懸命新機軸を打ち出しながらやってる割に、なかなかうまいことといかんなぁと思っていたところ、中高生のレーティングがずっと「※」だっ

★2　「ブンブンリクエスト」はラジオ大阪で1986年～2001年まで放送された音楽番組。オリジナルチャート「ブンブンベスト10」で人気に。

芦沢 誠
あしざわ まこと

1962年11月10日生まれ。東京都出身。1986年朝日放送に入社。若手時代は深夜ラジオをもっぱら受け持つ。慣れない大阪の言葉、文化に戸惑い、枕を濡らした夜も数知れず。1991年10月スタートの「ABCミュージックパラダイス」担当をきっかけにラジオ人気が爆発。夕方ワイド「元気イチバン!!芦沢誠です」、土曜ワイド「芦沢誠のGO!GO!サタデー」などを歴任。2013年報道局記者・デスクとして活躍後、2018年にアナウンス部復帰。2019年からは早朝の月～木曜で「朝も早よから　芦沢誠です」を担当。2023年3月定年退職後もシニアアナウンサーとして、朝から元気な声を届け続けている。

たのがあるときから数字が出始めた。そこからみんな目の色が変わっていきましたね。

北村　いつくらいですか？

芦沢　１年とか１年半くらいかな。

――最初は日替わりでタレントさんも担当されていたのを、１９９３年１月からは月～木曜を芦沢さんに据えるなどプチリニューアル。試行錯誤されていたわけですね。

芦沢　夜の番組を同一アナウンサーが複数日担当するというのも僕が初めてのことだから頼むぞ！なんて言われ、いちいちそういう重しが乗っかってくるなぁと思ったもんです。それでもしばらくは「※」だったんで骨折り損か？とも思ってたんですが、継続は力なりなんて言いながら続けていくうちに、0・1だったものが0・2とか3とかちょっとずつ上がっていきました。
――ADsはフル活用？
芦沢　ケータリングのお菓子を買ってくるだけじゃなくって、当時はデンスケ（★3）を持って外に出て、ガンガン取材してもらってましたからね。
北村　今、報道記者になってる人もいますよね。
芦沢　そう。この会社の7階で働いてる人も何人もいます。それがきっかけかどうかわからんけどね（笑）。そんな感じで七転び八起きでしたが、勢いがついたら早かった。「ブンブンリクエスト」を追い抜いて、そしたら向こうのほうが先に番組が終わったんです。そんな敵対していたわけでもなく、共同でライブをしたこともありましたし、いい競争相手という存在でした。追いかける僕らはやりやすかったのかもしれませんね。

FMラジオはライバルではない？

――1989年に開局したばかりのFM802（★4）は勢いがあったと思うのですが、FM局は意識しなかった？
芦沢　まったくそっちには向いてなかったですね。あのころAMはAM、FMはFMという線引きが、今よりももっと明確にあって、たとえば「ミューパラ」の真裏の時間帯で同じようなバラ

★3　ソニーの取材用テープレコーダー。オープンリール型、カセットテープ型があった。

★4　1989年6月1日開局。バンパーステッカー、ヘヴィー・ローテーションなど新たなラジオ文化も創り出した。

エティ色を持った音楽番組をＦＭ局がやるかっていうと、それは１００％考えられなかった。レーティングで出てきた結果については感心することもいっぱいありましたが、「もう少しＦＭの方に向いたほうがいい」というような話にはまったくならなかったです。

――現在「ミューパラ」をやられている北村さんはＦＭ局を意識されてますか？

北村　ある意味、意識はしてますね。向こうのＤＪさんは空いてる時間はライブへ行ったりなど、すべてを音楽に注ぎ込める人たちなんです。アナウンサーをやっているとそうもいかないので、単純に音楽知識の土俵で勝負をしてしまったら勝ち目がない。だから「ミューパラ」の中では、〝調べてわかるような音楽情報は喋らない〟というところでひとつ線引きをしてます。自分が見聞きして、自分の考えのなかで出てきた感想はインターネットにも一切あがってこない。そんな情報を知りたいという人に刺さるようには考えています。

芦沢　僕がやってた頃はインターネットなんてもちろんなかったですから、おもにＡＤｓが足稼ぐ形で集めてました。とはいえ、あの頃も今の北村くんとまったく同じで、必ずしもライブや音楽イベントに関わるような情報に特化するんじゃなく、もっと違う部分に力を入れようとしてました。当時の番組のキャッチフレーズが「爆笑音楽バラエティ」でしたし。

北村　あった！　ありましたね（笑）。

芦沢　音楽はチャート、ランキングが主流だったので、自分が応援しているアーティストや好きな曲のランキングが上がっただの下がっただので一喜一憂できていた時代なんですよ。ただ、それだけじゃダメだし、一方でライブやらイベントは行ける人間が行ったらよろしいと。その代わ

北村真平
きたむら しんぺい

1984年10月11日生まれ。京都府出身。2008年朝日放送に入社。漫画好きが高じて編集者を目指すも、なぜかアナウンサーの道へ。2009年4月には「ABCミュージックパラダイス」金曜パーソナリティに抜擢されるも3か月で番組が終了。「ミューパラ　アグレッシブ」（2009年7月〜2010年4月）、「上沼恵美子のこころ晴天」（2012年1月〜現在も担当）を歴任。2014年春スタートの「よなよな…」では近藤夏子と水曜日を担当。陰と陽、対照的な二人のトークで人気を博したが、2021年秋に終了。現在、その枠でスタートした新生「ミュージックパラダイス」水曜パーソナリティを担当している。

りスタジオでＭＣを任されている我々の立場としては、ファックスやハガキでもらった恋愛相談やネタ的なものをもとに、どれだけ話を展開していけるかということに力点を置いていました。そこが「爆笑」の部分ですね。そういうのもひっくるめた〝音楽バラエティ〟という立ち位置です。我々はコンサートにも行くけれども、むしろ二丁目劇場とかお笑いのほうにも顔を出したりして、結果、リスナーの幅もさらに広がっていったというのは感じてました。

北村　当時、ラジカセなどのラジオで聴いてる人ばかりだったので、単純に電波の性質上、音楽を高音質で聴きたいならＦＭとなっていましたよね。ＦＭのＤＪさんたちもどうしても「音楽が主役」というスタンスになる分、曲間の繋ぎのトークは３分以上は喋らないとか、曲のテンポに乗せて喋るリズムも意識するだとか制約があったはずです。そして、フェスやライブの情報もとことん客観的な情報を意識されている。今回のバンドメンバーは誰それだったとか、何人集客したなど、あくまで客観的なデータに徹するんで、逆に向こうはあまり主観が入れられないという葛藤と戦っているんだろうなと感じていました。じゃあＡＭはＦＭでできないことをやるという単純なことですよね。僕が10代のころリスナーとしてラジオを聴いてても、ＦＭでクリアにがっつり好きな曲を聴いたら、そこにまつわる周辺情報をＡＭで聴く…みたいに自然と聴き分けていたような気がします。だから僕も「ミューパラ」にたどり着きました。

――「ミューパラ」リスナーだったんですね。

北村　僕が聴いていたのは90年代後半あたり。実家の自分の部屋にテレビがなかったので、自分の世界に入って楽しめる娯楽がラジオだけだったんです。夜中、寝静まると親も自分の部屋に立ち入って来ないから、その瞬間だけは聖域でした。それで22時、23時過ぎてきたあたりで、芦沢さんがなんか下ネタっぽいことを喋るんです（笑）。

芦沢　「ぽい」って婉曲的に言ってくれるのはありがたいね（笑）。

北村　ＡＢＣの最終面接のときに「どんな番組をやりたいですか？」と訊かれて、僕は「ミューパラみたいな番組がやりたいです」と答えていたんです。受験生で精神的にしんどかった時もメンタルを支えてくれたので、あんな番組をいつかやりたいですと言ってました。だから、あの時、芦沢さんが嬉しそうに下ネタを喋ってなかったら、僕はここにいないかもしれないんです。

芦沢　北村くんが入社してきて、サシで話すタイミングのときに「ミューパラ聴いてました」と言ってくれまして。社内ではそういうふうに初めて言ってくれたアナウンサーですね。

北村　僕にとっては「芦沢さん」じゃなくて「アッシー」なんですよ、ずっと。

芦沢　いいんだよ、いいんだよそれで（笑）。「イケイケドンドンで言えばいいってもんじゃないんだよ」と注意されながら下ネタを言ってた甲斐があるってもんです。

北村　思春期でいろいろなものの情報を渇望している、そんな中でラジオでは聴いたことのない言葉が出てくるし、あまり大きな声で言ってはいけないようなことも教えてくれた。インターネットがない時代からしたら、すごくありがたかったです。

新人・北村アナウンサーの挫折

北村　芦沢さんはマックスで月〜木を担当されていた？

芦沢　そうだね。最初は月〜木曜が僕で、金曜が保坂（和拓）くんなどがやっていた。それから木曜日をガッチに渡して、新しく土曜もできるというタイミングでアシスタントもシャッフルされて、結局２００１年までやりました。ちょうどスタートから10年と区切りがよかったのと、若いアナウンサーがラジオを担当できる機会というのがそんなになかったタイミングで、昼に行けと言われまして、先週まで「ミューパラ」をやってたのに翌週から「元気イチバン!!」（★5）っ

★5　月～金曜15時30分～の夕方ワイド「元気イチバン!!芦沢誠です」のこと。パートナーは小川恵理子。2001年10月～2010年4月。

て言い出して（笑）。なんやこれは！と思いつつも、年齢に応じた時間帯をやらせてくれたわけで、個人的にはぎくしゃくもなかったし、自然に引継ぎはできたのかなと思っています。

――そこから8年ほど経ち、北村さんが入社、平成版「ミューパラ」最後の年を担当することになったんですよね？

北村　携わったのは半年もなかったです（★6）。入社して間もないからあまりに自分の技術が拙すぎて、楽しむ余裕は一切なかったです。自分の中ではこんなことが好きで、こんなことが喋りたいというものはあったんですが、それが人に聞かせられるレベルに毎週達していなくて。もうほんまに毎晩枕を叩いてました。そんな中ですぐに番組も終了しました。大好きだった番組に就いたものの何もできずに終わってしまったということもあって、最後のミーティングで泣きましたね。悔しさしかなかった。

――その後「ミューパラアグレッシブ」（★7）を経て、「よなよな」につながり、「よな水」では濃いリスナーも獲得されました。そして令和に新しい「ミューパラ」が始まるという時のお気持ちはどうだったんですか？

北村　こんなことあるんや、って（笑）。「ミューパラ」が終わって、悲しいと悔しいとで、そこから喋るのが怖くなってしまったんです。何を喋ってもダメで、マイクの前で「うっ」とつっかえたりしていました。そういう中で上沼恵美子さんの「こころ晴天」に就かせてもらったのが大きかったんです。メジャーリーガー同士のキャッチボールを間近で見せてもらうことでやっぱり話すことはめっちゃ楽しい、この仕事は楽しい！と思えるようになりました。そのあたりで「よ

★6　北村真平が第1期「ミューパラ」を担当したのは2009年4月～2009年7月。パートナーは南山千恵美。

★7　帯の「ミューパラ」と違って、金曜のみの放送。北村が担当したのは2009年7月～2010年4月。

なよな…」が始まり、3時間深夜のラジオで喋るという楽しさも教えてもらいました。「よな水」は番組が根付いてきて、やってる演者もスタッフも楽しいって時に終わったので確かに寂しい気持ちはありました(★8)。でも、そのあとにあの「ミューパラ」が始まると。時間帯も同じ水曜日でやらせてもらえるので、「深夜ラジオで7年半やったことをまんま音楽番組の中に持ち込んでみよう」と、前向きに捉えましたね。

――すべての経験を携えてリベンジ開始ですね。

北村　「ミューパラ」は伝統的にニックネームをつけて呼び合うことが多いんですけど(★9)、僕はそれはやらなかったんです。今まで聴いていた北村真平が「ミューパラ」をやりますよ、というスタンスでいたかったんです。

――今、北村さんは「ミューパラ」で一番年長ですよね？

北村　そうなんです！　芦沢さんがミューパラをやってたのがいくつくらいですか？

芦沢　えーと、28歳から始めて38歳までか。

北村　そっか。僕が10代のときに聴いていたミューパラは年長のアッシーさん筆頭に、若手の岩本さんとか、上剛(うえたけ)さん、浦川さんがいらっしゃって。今自分がそのアッシーさんの立ち位置にいるんや…。時代の流れを感じますよね。

★8　ファンが多い番組のため、時折特別番組が放送されたほか、「よな水リターンズ」としてポッドキャストで配信中(2023年11月現在)。

★9　第1期「ミューパラ」では「ペーペー」と呼ばれていた(名前と新人のダブルミーニング)。

親にも相談できないことを
ラジオには伝えてくれる。
こういう流れは大事にしたいです。
（芦沢）

深夜放送のよさは今も変わらず

芦沢　深夜と呼ばれる時間帯に喋らせてもらえるのはありがたいことですよ。日が沈んで周りが暗くなったときに自分の部屋でひとりラジオの向こう側で喋ってる人間の話や音楽に耳を傾け、いろいろと感じるなんてリスナーさんにも大切な時間だと思いますし。

――そういう「内にいる自分と向き合う時間帯」は大切にしたいですもんね。

芦沢　そう。絶対悩みもあるわけで、親兄弟にも相談できない、ましてや学校の先生はもちろん、友達にもなかなか言えないことも、今ならメールで、昔だったらハガキで伝えてくれる。こういう流れは大事にしたいですね。

北村　今、ラジオを聴いている若い子に訊くと、決してレトロなものを楽しんでいる感覚ではないんです。今の自分に必要なフレッシュなメディアとしてラジオが楽しいと言っていますね。ネットでニュースを見ていると、誰それがああ言ってた、ネットではみんなこう言ってるなど、主語が全部誰か他人のもの。そんな中、「俺はこう思う！」と言ってくれる人の話は安心感があるし、真実味がある。そこを若い人は鋭い嗅覚で察知しているのかもしれない。

芦沢　僕も「ミュ−パラ」をやっていたときはもちろん、リスナーの年齢が跳ね上がった朝イチの番組でもそこは一番意識しますね。この間も初めて出産する方からメールをいただいて、高齢だから不安だという話で、僕は産むことはできないけれど、一人息子がいるので、経験談や過去に医者から言われたこと、覚えていることを喋ったんです。そしたらすぐに感謝のお便りをいただきましてね。すごく喜んでいただいたみたいで。そんな大したこと言ってないですし、それで世の中どうなるわけでもないけれど、こういうやりとりの心地よさみたいなのは、今でも確実に生きています。それがより一層感受性が鋭敏な若者相手だと、こちらも思案のしどころではありますけど。

「好き」を解像度の高い言葉で伝える

――現在の「ミュ−パラ」では、北村さんは自分のやりたいこと、好きなことを番組でどんどん出されてる印象です。

北村　最初から仕事に結び付けようとか、これでメシが食えるようになれば！なんてそんなのはないんです。ただただ好きで仕方ないということをSNSでつぶやいたり、折に触れて喋っていたら、スタッフが「それコーナーにしませんか？」と言ってくれた。そんなパターンでスピッツの曲を紹介していたんです。そしたら先日スピッツサイドから「新しいアルバムの推薦コメントを書いてくれませんか？」と言ってもらえて。こんな実の結び方があるんや！　ラジオやっててよかった！と今思ってます。

芦沢　「好き」の延長で番組スタッフが認めてくれて、それが先方にもつながるなんて理想的な形だと思いますよ。先方の気持ちにも何か引っ掛かるところがあったわけですから。実は「ミューパラ」とスピッツはとっても縁があって、まだ注目されていないデビューしたてのころに、毎月1曲パワープレイでかけてたら、少し経ってから「お世話になりました。スタッフルームでお使いください」と、当時の「テレビデオ」1台が送られてきました。

北村　すごいですね！　現・部長の枝松さんも「ミューパラ」をやってたときに、Ｐｅｒｆｕｍｅをゲストに何度も呼んでいて、いまだにＰｅｒｆｕｍｅから〝大阪のお兄ちゃん〟と言われているとか（笑）。

芦沢　枝松は広島やからね。

北村　「好き」をただただ垂れ流すんじゃなくて、興味のない人に対して、どういう言葉を使えば引っ掛かるのか、解像度の高い言葉ってなんやろ?って、めちゃめちゃ考えるようになりまし

ラジオはリスナーも喋り手にもいい意味での匿名性があるんですよね。（北村）

たね。僕自身もオタクだからわかりますけど、その熱量に下心が透けて見えたら聴いてるほうはすぐに「ウッ」ってなる。そこだけは嘘をつかないようにしてます。

寄り添いすぎないコミュニティ

――芦沢さんは定年された後もまだまだ早朝の番組で喋り続けていかれると思います。改めて意気込みなどを。

芦沢　結局ラジオって物理的な細かいことは別として、送り手側である我々と、聴き手側であるリスナーのみなさんとの、ほんとに古臭い、今時なんじゃやその言い方はと言われるかもしれませんが、結局「キャッチボール」だと思うんです。そのやりとりの方法が今はメールやSNSを使ってオンタイムでできるようになった。スピード感は昔と比べ物にならないくらいになってますけど、やってること自体は昔から何も変わらない。そのコミュニケーションを常に大事にしながら、朝だろうが夜だろうが、かつて経験していた昼であろうが、この後もどこかで喋るチャンスがあれば忘れずに、聴いていただいているみなさんのことを常に頭に置きながら発信し続けていきたいと思ってます。

――北村さんは新生「ミューパラ」を後輩アナとともにどのように盛り上げていきたいですか？

北村　もし今のラジオの楽しみ方があの頃にできていたら最高やなって、羨ましく思うことがいっぱいあるんですよ。まず全国の番組が聴けるんですよ。京都の竹林に囲まれた実家なんて、FMを聴こうと思ったら自分でアンテナを握らないと電波も入ってこないですし、AMラジオもシビアに向きを変えないと入ってこなかった。聴くことに必死だったことを考えれば、全国のラジオがクリアに聴けるし、SNSを見ればクラスには話題になってなくても全国各地に自分と同じ番組を同じ角度から楽しんでいる人と繋がれる。パーソナリティもいろんなこぼれ話をしてくれるし、違う局の番組同士が繋がったりしている。そういう最先端のラジオの楽しみ方を、後輩のアナウンサーもスタッフは知っているし、柔らかい頭で閃いてくれるので、この世代と一緒に番組ができるのは本当にありがたいです。

先ほど「内にいる自分と向き合う時間」とおっしゃってましたが、まさにそうやなと思っていて。よくよく考えてみたら自分って社会全体からみたらあまり歓迎されへんかも？って思っちゃう瞬間があると思う（笑）。みんなが好きだと言ってることがどうも好きになれないだとか、僕も10代からずっとあったんですよ。でもラジオは「それで別にいいんじゃね？」と肯定してくれるメディアなんです。語弊があるかもしれませんが、僕が好きなスタンスで言うと、寄り添うことは大事なんですけど、あまり寄り添いすぎないようにしたいというか。

芦沢　わかる。めっちゃわかる。

北村　親や兄弟や友達にも言えないことが言えるのがラジオだとアッシーさんもおっしゃってましたが、結びつき寄り添い方では親や友達のほうが強いもの。だけどそこでは言えないことを聞いてくれるというのがラジオの一番の魅力だと思います。

芦沢　喋ってる方もそうですよ。親にも言えない、大学2回生のとき第二外国語のフランス語で0点とったことを、ラジオでは折に触れてベラベラ喋ってますし（笑）。

北村　リスナーも喋り手も、いい意味での匿名性があるんですよね。僕らもテレビで顔を出してるときには絶対言えないことが多い（笑）。ラジオの匿名性があるから、この傷を見せてもいいという感覚ですね。そこは新しい「ミューパラ」でも変わらず大事にしていきたいです。

かつての「ミューパラ」パーソナリティで、現在は「ウラのウラまで浦川です」月曜パートナーを務める珠久美穂子。そして現「ミューパラ」月曜パーソナリティで、「田淵麻里奈の夜あそびはココから」（夜ココ）など、ABCラジオで幅広く活躍する田淵麻里奈。男性パ

×田淵麻里奈

たぶち　まりな

インタビュー・文・写真｜梅田庸介

門外不出のクロストーク④

女性DJが考える〝ベストパートナー〟とは

ーソナリティを相手に奮闘（？）する2人に、FMラジオでの一人喋りとの違いやそれぞれのパートナーについてアケスケに語ってもらった。

珠久美穂子

しゅく　みほこ

実は昔からの知り合い？

――お二人は意外に関係性が深いということですが？

珠久　そうなんです。今は違いますけど同じ事務所で、〝まりやん〟（★1）が10代の頃から知ってます。当時からすごくしっかりしてましたよ。初めて話したときのことを今でも覚えていて、某FM局のオーディションなのに「就職活動ですか？」という格好をしていた。

田淵　まっ黒のスーツを着てました（笑）。こんな服装で来たらあかん！って言われました。

珠久　あんた局の社員になるん？って（笑）。あの頃はまだ学生？

田淵　卒業してました。高校を卒業したら、すぐにこういう声のお仕事がしたかったんです。

珠久　実はまりやんのお母さんも喋り手で、同じ事務所の先輩なんです。娘が入ったという話は聞いていて、ああこのコかって。

田淵　そこからもうお世話になりっぱなしです。珠久さんにはDJに関するレッスンもしていただきました。事務所内の特別講習のようなものがあって、教えていただいたんです。それでもっとラジオが好きになりました。

珠久　浦川さんには言わんといてな。「何を教えるんや」って怒られる（笑）。

――ABCラジオとの関わりをお聞かせください。

田淵　私は2018年春くらいで、野球中継が雨でなくなったとき用の番組が最初でした。そこ

★1　呼び名がいくつかあり、一般的には「まりねぇ」、珠久は「まりやん」、浦川はなぜか「ぶっちーな」と呼ぶ。

から「伊藤史隆のラジオノオト」で1か月間アシスタントという形で入らせてもらったり…。
珠久 ナイターオフの史隆さん、ＴｉｋＴｏｋで踊ってはったやん。
田淵 そうなんです。一緒にやりましょうって、無理矢理（笑）。爬虫類カフェに行って、サソリを食べさせたりもしました。
珠久 こういうの、大切ですよ。アナウンサーを転がす術を身に付けてる（笑）。
田淵 いやいや（笑）。そこから「フレッシュアップベースボール」のスタジオＭＣになり、「夜ココ」は２０２０年からスタートです。
――珠久さんは２０００年にエフエム大阪でＤＪデビューされましたが、「ミューパラ」が２００１年からですよね？　そんな急に他局に出られるものですか？
珠久 あまりいろんな局でやってる人はいなかったですけど、行っちゃえーと思って。「ミューパラ」は特にオーディションをやった覚えがなくって、喫茶店みたいなところに呼ばれてペラペラ喋って…ってあれが試験やったんかな（笑）。ちょうど睦子さん（★2）たちの世代が変わるタイミングで、浦川さんの相手を探してるとのことで、「どうする？」って言われたんです。よくわからんけど「やる！」って答えてました（笑）。
田淵 すごいですね。
珠久 実はエフエム大阪のオーディションも先輩についていったんです。ずっとこの仕事はやりたい！と思っていたんですよ。家でイントロ録りしたりして…気持ち悪いでしょ？（笑）　でも、大学生だからまだ早いと言われてたそんな時に、先輩について見学に行ったら、５人しか呼んで

★2　鳥居睦子のこと。1998年4月～2001年9月まで浦川泰幸と「ミューパラ」土曜を担当。

ないのに6人おるやん！ってなって（笑）。当時朝から晩までエフエム大阪を聴いてたから、好きな番組や音楽のことについて喋りまくったら合格したんです。

田淵　ついていっただけでそんなことになります？

珠久　うーん。浦川さんから「あなたは努力をしていない」と言われるのはそういうところかもしれない。運だけで来ました。そこからウラちゃんとは4年半。その後、ガンちゃん、岩本さんと（★3）。この二人はもう正反対、陰と陽で。私も陽なので岩本さんとはめっちゃ楽しくやっていたんですけど、リスナーさんから「聴いてました」とよく言われたのは浦川さんとの方。みんな何聴いてたんやろ（笑）。ラジオリスナーは難しいなぁ。

若きミューパラコンビ

――田淵さんは新生「ミューパラ」にはどのような経緯で？

田淵　「夜ココ」をやってた時に、「ちょっと大事なお話があります」と言われまして。もう怖くて怖くて（笑）。番組が終わるんかなと思いながら聞いたら「ミュージックパラダイス」が次の改編に始まると。福井治人アナウンサーと月曜をやってくれへんかということだったので、「是非やらせてください！」となりました。私、がっつり2人でラジオ番組をやるのは初めてだったんです。自分にとっても新しいチャレンジで、どうなるのかわからなかったんですけど、「ミュ

★3　岩本計介アナウンサーとは2006年4月～2008年3月まで「ミューパラ」木曜を担当した。

珠久美穂子
しゅく　みほこ

9月18日生まれ。大阪府出身。大学4年時にエフエム大阪のオーディションで合格、2000年からDJデビュー。以降、エフエム大阪、Kiss FM KOBE、α-STATIONなどで数々の番組を担当、「エフエムの女王」として現在も活躍。ABCラジオでは2001〜2009年に「ミュージックパラダイス」を担当。現在は「ウラのウラまで浦川です」月曜で浦川泰幸の“ベストパートナー”として毎週仲良くケンカしている。ニックネームは「しゅくちゃん」。

ーパラ」は珠久さんで知っていたので、とにかく光栄でした。しかも珠久さんがABCにいる月曜や！って。

――福井アナのことは知ってらっしゃった？

田淵　知ってたんですよ。高校野球の大阪大会のお仕事でご一緒したときに、福井さんから「夜ココ」聴いたことありますって声をかけていただいたんです。そのとき「僕、いつかラジオで番組をするのが夢なんですよね」って言ってたことを覚えてるんです。

珠久　なんかすごい綺麗なお話（笑）。運命やなぁ。

――ちなみに、珠久さんから見た福井さんのイメージは？

珠久　愛されキャラ。子犬みたいな。

田淵　えー、どういう？

珠久　これまでのアナウンサーのタイプにはあまりいなかったというか。いい意味で擦れてない。

田淵　気どらない感じはしますよね。でも最初は

田淵麻里奈
たぶち　まりな

10月25日生まれ。兵庫県出身。高校卒業後、Kiss FM KOBEのレポーター、FM802のDJなどFMラジオを中心に活躍。ABCラジオでは「ABCフレッシュアップベースボール」のスタジオMCに抜擢。ナイター終了後の「田淵麻里奈の夜あそびはココから」では、ほぼ恋バナ番組として自身の恋愛トークを展開。2021年秋からは「ミュージックパラダイス」月曜を福井治人と担当。2023年秋からはRover（ベリーグッドマン）とコンビを組む。「ミューパラ」での呼称は「まりねぇ」。

アナウンサーだから、触れちゃいけないようなNGもいっぱいあって、下手にイジるのもなぁって勝手に思ってたんです。

珠久　めっちゃイジりやすそう。

田淵　そうなんです。自分からイジられに来てるし。

珠久　福井くんは浦川さんも可愛がってますしね。2人でランチに行ったって聞いたことあるわ。

田淵　仲良し！

珠久　あのウラちゃんがランチやで。

田淵　なおにぃはお酒が苦手なタイプなので、浦川さんが合わせてくれるんでしょうね。

珠久　私には絶対合わせてくれないのに。

田淵　あははは（笑）。

——田淵さんから見た浦川さんってどんな人？

田淵　浦川さんは、私がお化粧を変えたり、髪型がちょっと違うだけで、「あれ、変わった？」ってすぐ変化に気づいてくれるんです。

珠久　えー！

田淵　ラジオフロアですれ違う時は大体は「お疲れ様です」「この後頑張ってください」ぐらいなんですけど、浦川さんの場合は、絶対立ち止まって、「あ、今日はここが素敵ですね。この後も頑張ってください」って声をかけてくれる。

珠久　そんなん言われたことない！　逆に「今日のメイク失敗ちゃう？」とかめちゃくちゃ言われますよ。

田淵　そうなんですか？

珠久　ボロッカスですよ。まりやんは可愛がられてるんですよ。

田淵　でも浦川さんが「ミューパラ」のゲストに来てくれたときに思ったんですけど、私はまだ勝たれへんって思いました。私には目もくれず、なおにぃばっかりでしたから。

珠久　まりやんもランチ行かんとあかん。

田淵　そっか（笑）。

珠久　その回は私も珍しく聴いてたんです（笑）。絶対次に（番組内で話題を）振られるからね。男性アナウンサーと女性の喋り手ということもあって、「いい意味で前のミューパラを表現している」って言ってました。ちゃんとね、先輩として見てるんやなあと思って。

田淵　嬉しいです。

パートナーについて見えてきたこと

――田淵さんは福井さんと2年やってみて気づいたことはありますか？（★4）

田淵　すごく集中型というか、集中してバーッと喋ることがあるんですけど、熱が上がりすぎて、私が言ってることが全然耳に入ってないんでしょうね。オンエアが終わった後に、「えっ、そんなこと言ってた？」みたいなことがあるんです。あとは、初めましてのときは「キリっ」としていて「任せてください」みたいな感じだったんですけど、机はもうぐちぐちゃだし…。

珠久　それは私もそうや（笑）。

田淵　そうなんですか？「次のコーナー行きますよ」と言っても、「えーと、えーと」って必要な書類を探しているんです。

珠久　わかる、わかるよ。

田淵　だから終いにはＡＤの子がなおにぃの分だけホッチキスで留めて、見やすいようにしています。机は汚いし食べかけのドーナツも直接デスクに置いちゃうし（笑）。

珠久　それはないなぁ。でもどっちが上なん？って感じやね。

田淵　そうなんです。私より3つ年上なんですけど。ただ、私が体力的にちょっと参っちゃってる時なんかは全部フォローに入ってくれたりお兄ちゃんな部分もあるんです。

――２人喋りはもう慣れましたか？

★4　取材は2023年8月。10月からは新パートナー・Rover（ベリーグッドマン）と同じく月曜を担当。新たなコンビのトークに注目したい。

田淵　だいぶ慣れました。逆に先日、そのなおにぃがお休みで、1人で「ミューパラ」を担当したんですけどすごく緊張しました。やっぱりなおにぃが前に座ってくれてたのは大きかったんだなって。

珠久　ええ話や。

――珠久さんも浦川さんのええ話をひとつ。

珠久　えっ？　ないですぅ（笑）

――「ミューパラ」の浦川・珠久コンビは2006年春まで。「ウラのウラ」は2020年秋からなので、およそ14年ぶりでした。浦川さんに変化はあった？

珠久　人が変わったんかなと（笑）。それくらい違いましたよ。言い方が難しいけど、昔はもっと暗い感じよね。私の前に一緒にやられていた鳥居睦子さんに、「あなたダメよ」って、ぐいぐい引っ張られていて、その名残りもあったからかもしれない。で、再会した時は「イキリ万太郎時代」を越えてる時なので…。ただ、ニュースに対しての取り組み方とか、あと記憶力が抜群なのは変わらず凄いです。「この人は前は自民党○○派にいたけど…」ってぜんぶ頭に入ってる。

田淵　すごーい。

珠久　小学生の頃からずっと新聞やテレビが好きでそこから来てるから、もう普通のアナウンサーは勝てないですよね。あれはウラちゃんにしかできへん…ってウラちゃんのええ話しましたよ。以上です。

田淵　あははは（笑）。でもずっとやってるとぶつかることはありますよね。

珠久　あるよ、もう。ガチンコや。
田淵　私もなおにぃとぶつかることはありますよ。
珠久　でも番組中にスタジオから出ていくことはないやろ？
田淵　それはない（笑）。

ＡＭラジオの生放送だからこそ

――ラジオのパートナーを夫婦になぞらえるのは安易ですが、どんな夫婦もうまくいかない時期があります。正直な話、浦川・珠久コンビは一時期「あれ？　大丈夫？」という時がありましたよね？

珠久　ありました。だって、みんなに言われたもん。全然知らん、タクシーの運転手さんにも「大丈夫？」って言われたり（笑）。

――今はそれも乗り越えたという印象があり、ケンカ芸も安心して聴けます。

珠久　本当ですか？　ありがとうございます。バイオリズムでいろいろあるとは思うんですけど、一定でいてほしいんですけどね（笑）。

――だからこそ、そこがおもしろい。

珠久　そうか。それもＡＭ特有かもしれないですね。

田淵　ぶつかるのが楽しくなっちゃう時もあるんです。

珠久　えー。私はもうまったくない！

田淵　あははは（笑）。私の場合「向こうも真剣なんや！」って思ったら、こっちも熱くなっちゃうんです。

珠久　なおにぃと何をぶつかるのよ。

田淵　オンエア中は男女の意見の違いの程度ですけど、一度オンエア前に、アーティストさんにインタビューする前の打ち合わせで、ああでもないこうでもないと言い合いになって。ミーティングのテーブルがあるんですけど、スタッフさんはみんなチラチラ心配そうに見てるけど寄って来ず、みたいな状況になりました。熱い人なので、こっちも釣られてしまうんですよね。それも波がありますよね。

珠久　インタビューする前に打ち合わせするの？

田淵　事前もそうだし、インタビューした後も結構燃え上がりました。

珠久　燃え上がる。ふーっ、若い！　すごいねー。

田淵　「あそこでもっとこうなったんじゃないですか？」みたいな反省会ですね。なおにぃじゃなかったら、そこまで言ってないと思います。それを言ってもいいという環境を作ってくれているんですね。

珠久　ええ話。パチパチパチパチ。

――「若い」っておっしゃいましたよね？　やはり若く感じる？

珠久　若いですよー。反省会とかないもん。すっと帰る。昔「ミューパラ」をやってた頃は深夜1時まで番組をやって、そこから反省会と称して朝6時まで呑んでたんですけどね。

田淵　すごい！　それ、めっちゃやりたいんですよ。

珠久　本番ではすごく怒ってたディレクターも、「あれはこういう思いで言ったんだよ」って呑み会の席でぜんぶフォローしてくれる。そういうよさはありますよね。

田淵　それ、必要ですよね。番組が12時半に終わって、帰るのは2時とかです。それこそ呑みに行きたいけど、呑みに行ってくれないから…私が長いこと喋っちゃうんです。ずるずると。

珠久　あー、なるほどね。

田淵　「どうでしたか？　今日の出来」みたいな感じで、最初の頃はいろいろ聞いてました。

珠久　重たい重たい。恋愛と同じやで。真面目やから。

田淵　常に自分の課題を見つけたくなるんですかね（笑）。

――珠久さんはオンエア後など浦川さんからフォローが入ったりするんですか？

珠久　フォロー？　うーん、どうやろ。「今日のアレよかったわ」とかたまーに言ってくれますかね。

田淵　えー、意外。

珠久　でもバチバチの時はすぐに帰りますけどね。その後、すぐにキックボクシングに行くんですよ。

田淵　あはは。すごい！

珠久　これは、人を殴らなやってられへんって（笑）。

田淵　ああいった「バチバチ」ができるのはあの番組しかないと思います。

珠久　キックボクシングのおかげや（笑）。でもね、他の曜日の人からはいろいろフォローいただいてますよ。この間、前のプロデューサーの送別会があって、みんなが集まったんですけど、かわるがわる私の横に座って励ましてくれたんです。「大丈夫？」「頑張って」って。みんな他の曜日をめっちゃ聴いてるから、このチームはすごいなと改めて思いましたよ。私は他の曜日を聴いたら自分の悪口が言われてることが多いから（★5）聴かんようにしてますけど（笑）。

田淵　なおにぃも月曜日の浦川さんと珠久さんのやりとりはめっちゃ聴いてるんですよ。

珠久　えー、変な影響与えてるんちゃう？

田淵　「それ麻里ハラやで」とかめっちゃ言ってくるし、少しでもできなかったことがあるとイジリがすごいんです。これは浦川さんの影響かもしれませんね。

珠久　間違った憧れやで、それ　それ（笑）。

自分をさらけ出すということ

――FM局で仕事をされてきたお二人から見た、AMラジオならではなこと、そしてABCラジオの特徴などあれば教えてください。

田淵　パーソナリティはみんな濃すぎますよね。

★5　「月曜の人」としてエピソードに上ることが多い。

珠久　ＦＭは自分のことを出し過ぎてもダメな部分があるんですよ。曲もあるし。でもＡＭでは自分をさらけ出さないと通用しないですよね。

――たまに「ＦＭに帰れ！」って言われますもんね。

珠久　そうです（笑）。だからびっくりしました。最初にまりやんの番組を聴いた時、「無理してんな」と思って。そんなキャラじゃなかったし。

田淵　そうですね。間違いなく。

珠久　「素敵なお姉さんでいなきゃいけない！」みたいなのを自分の中で作り上げて、しんどくなってた時期があるよね。

田淵　ありました！　やっぱりずっとＦＭでやってきたので、急にＡＭラジオに入ったことによって、正直何を喋ればいいのかが全然わからなかったんです。最初は「○○にある素敵なお店に行って」など、とにかく「情報」を伝えなきゃと思っていたんですけど、ある時ディレクターから「あなたの家族の話をしてみて」と言われたんです。おばあちゃんの話をしたんですけど、それがすごくよかったらしくて。

珠久　パーソナルなことね。

田淵　そうです。そこから家族の話とかちょいちょいするようになり、気づいたら訊かれてもいない恋愛話を喋りだし、止まらなくなっていました。こんなことあって、許されへんでしょ⁉っていう「許されへん話」が私は多いんです。

珠久　怖っ（笑）。あなたは重いわーっていう話が多いのよ。でも、そういう素の部分を出さないとダメなんですよね。

田淵 だんだん自分のストッパーが効かなくなってるのが少し怖いですけどね。

珠久 私も昔、「ミューパラ」のプロデューサーに「FMの喋りいらんねん」って何回も言われてましたよ。でも、わからないですよ。「FMの喋り」とか言われても、私自身はAMもFMも関係ないつもりですし。AMの人はそんな風に言うこと多いよね？

田淵 いいますね。洋楽の曲紹介のときも、発音よく英語のタイトルを言ったら…。

珠久 「そんなんいらんねん」って（笑）。

田淵 すぐ言われる（笑）。最近は1周回って誇張させて言ったら逆に通用するんだなってわかってきました（笑）。

珠久 なんやろ。綺麗に収まる感じを嫌がるというか。

田淵 そうなんです。「そんなんちゃう、人間性が見たいんや」っていうね（笑）。AMラジオを聴いている人は共感したいだとか、ちょっとツッコミを入れたいとか、そういう人が多いんだなって意識するようにはなりました。

珠久 でも、まりやんは、このままABCラジオの重鎮となっていく人ですから。

田淵 えっ？　そんなことないでしょ！

珠久 今は夜の番組をやってますけど、これから昼や朝の番組に必ず行くレールの上に乗ってますから、そこを踏み外さずに、無理せずね。すぐに無理しちゃうから。

田淵 ずーんとすぐに落ちちゃうんです。その度に珠久さんに引き上げてもらってるんです。優しく持ち上げるじゃなくて、いつもグワーって一気に上げられてる（笑）。

珠久　だから、まりやんはそのままでいいと思います。

田淵　珠久さんは、本当に先の先を見ている方なんですよ。こんなことを始めましたという連絡がすごく多いので、私もそこは見習っていきたいと思います。

珠久　そうです。絶対未来に繋がりますもん。何せ、すべての出会いをお金に換える「マネタイズ美穂子」（★6）ですから（笑）。

★6　このほか「パケ美穂子」「ボーン美穂子」など浦川が名付けた異名は数知れず。

第4章

ウラのウラまでおはパソです

現在のABCラジオを牽引する
2大ワイド番組をピックアップ！

ウラのウラまで
おはパソです❶

浦川泰幸 × 小縣裕介

うらかわ やすゆき　おがた ゆうすけ

おはようパーソナリティ 小縣裕介です

月～木曜6:30～9:00
Mail　oha@abc1008.com

ウラのウラまで浦川です

月～木曜15:00～17:45（月のみ～17:25）
Mail　ura@abc1008.com

52歳のプロフェッショナル論

現在のABCラジオを引っ張るアナウンサーといえば、小縣裕介と浦川泰幸。ともに月～木曜帯のワイド番組を担当するこの2人、1971年生まれの同学年であるが、そのキャラクターは正反対。太陽と月、光と影、ABCの太陰太極図とも喩えられるが、小縣の入社が1年早いというのもまた2人の関係性によいスパイスを効かせている――そんな2人が語る〝出役〟でありながら〝サラリーマン〟でもある局アナの悲喜こもごも、そしてラジオの魅力とは？

インタビュー・文・写真｜梅田庸介

新人とベテランの距離は縮まった？

――小縣さんは1994年、浦川さんは1995年の入社ですが、その頃ちょうど道上洋三さんが今のお二人と同じくらいの年齢だったんですよ。

小縣　そうなんです。今年、小櫃（こびっ）（裕太郎）と大仁田（美咲）が入社してきたでしょ。29歳違いかぁ…と思って、あれ？と気づいた。

浦川　彼らから見たら、私たちも道上さんくらいに見えてるんですかね。

小縣　どうなんでしょう？　ただ、あの頃は道上さんより下の世代の方は40代でもかなり貫禄はあったよね。

浦川　アベロクさん（★1）とかね。40代後半だったんですかね。

小縣　当時はなかなか話し掛けることもできませんでしたが、今なんてもう若いコでもタメロに近い感じで距離を縮めてくれますもんね。

浦川　昨日、小櫃くんに「浦川さんって最近ラジオニュースを読まないですよね。上手なんですか？」と訊かれました。

小縣　そうなんや（笑）。

浦川　「苦手かな」って答えておきましたけど。割と年齢関係なく喋ってもらえるのはありがたいですね。

★1　P50参照。

2人が挙げた人情派アナとは？

——今は後輩を指導する立場になりましたが、お二人が新人の頃とは指導方法も変わった？

浦川　自分たちの1年目の研修と同じことをやったら、すぐにコンプライアンスに呼ばれますね。

小縣　もうここにいないですよ（笑）。今は褒めて育てるスタイルです。当時はもう…特に浦川さんはいろんなものを顔面でも受け止めてきたと思います（笑）。

浦川　小縣先輩は優秀な新人だったでしょうけど、私はもう全然だめで。それに一緒に入った関根（友実）さんという女性がそりゃあもう優秀で。女性アナウンサーで初めて高校野球の実況をしたくらいですから。だから私は「関根と同期の男」という存在でしかなく、当たりも強かった。トイレで何度も泣いてました。

小縣　決して肯定はしませんよ。しませんけど、もしかしたらそれがあったから今もこうやってアナウンサーとして生きていけてるのかなという気も少しはします。

浦川　5人ぐらいはまだ恨んでますよ。でも、大体その方々はみんな不幸なことになってます。

小縣　怖いわ！

——せっかくなので、この人には感謝してるという方も挙げておきましょう（笑）。

小縣　学校でもそうですけど、厳しく指導いただいた方って、記憶に残っているものですよね。お名前が挙がりましたけど、道上さんはやっぱり特別な存在ですし、アベロクさんも近鉄戦を担

小縣裕介
おがた　ゆうすけ

1971年9月29日生まれ。兵庫県で育つ。1994年に朝日放送に入社。入社初年度に「ABCミュージックパラダイス」を担当。そこで名付けられたニックネーム「ガッチ」は今も健在（やんちゃな二つ名「三宮の虎」は封印？）。野球実況でお馴染みであるがサッカーにも精通している。2022年4月から病気療養中だった道上洋三の後を引き継ぎ、「おはパソ」月〜木曜のパーソナリティに。プロ野球の実況中継を担当するなど、スポーツアナとの二刀流も継続中。

当したので勉強させていただきました。印象に残るワードをよく使われていたアナウンサーです。

浦川　僕は…この会社に入って、優しくしてもらった人なんていたかなぁ。あぁ太田元治さん（★2）は人格者です。

小縣　そうや！　僕もそうです。人間味が溢れるというか、人情派なんですよね。

浦川　大相撲ダイジェストの時に、お相撲さんより体が大きかったという逸話を持っている方ですけど、ああ見えて繊細で優しい人です。僕の祖母が熊本で他界したとき、境遇をご存じでしたから、母親と僕の２人で大変だと思われたんでしょう。通夜にふらっと来ていただいた。手伝いに来てくれたんですよ。

――熊本にですか？　それはすごい！

浦川　通夜が終わったので「ホテルをとりますよ」と言ったら「いやここで寝る」と斎場の控室に一緒に泊まっていただいて。あれって線香とろうそ

★2　1972年朝日放送入社。プロ野球中継のほか、テレビ番組「大相撲ダイジェスト」なども担当。2012年定年退職。

くの火を絶やさないようにするでしょう。深夜にパッと目が覚めたら太田さんが大きい体をかがめて祖母の線香とロウソクをつけてくれてたんです。涙が出ますよね。そういうエピソードに事欠かない人なんです。あと、直近まで部長をやっていた加瀬さん（★3）も似ているところがあります。親が倒れて1週間くらい休んだ後、会社に「明日から仕事しますんで」と電話をかけたら、怒られましてね。お母さんにはお前しかいないんだからもう少し休めと。それで休み明けにお会いしたら「この前はすまんかったな」ってお見舞いを渡されました。

小縣　加瀬さんが怒鳴るなんて珍しいね。

浦川　そこで怒鳴ってくれる人間味ですよ。僕の場合は不幸な話題がいっぱいあるもんですから、そういう時に手を差し伸べてくれる人には心から感謝してます。

――いろいろな先輩を見てきたお二人。後輩にはどう接しているのですか？

小縣　自分がやられて嫌だと思ったことはしたくないですよね。ただ、研修などは厳しいですよ。

浦川　ちょっとテレビなんかに出始めると、普通の子だったら有頂天になってしまいがちなんです。テレビ、ラジオでお客様の前に出る緊張感をもっと知ってほしいですから自然と厳しくなるんです。感謝されているか恨まれているかでいうと、まぁ恨まれていますよね。

小縣　人間のやることですから、絶対それなりにミスはあるもので、それを一つずつ修正していくしかないんです。「こういうことができないんだ」「こういうミスが起こるんだ」といろんなパターンは見せてもらいました。

浦川　研修の責任者になると逆に教えてもらうことも多い。自分の仕事も再確認できるんですよ。

★3　加瀬征弘前アナウンス部長。1987年朝日放送入社。

ラジオがあるＡＢＣでよかった!?

――現在、ラジオで帯のワイド番組を担当されているお二人。定年もそこまで遠い未来でなくなった今、今後のビジョンなどをお聞かせください。

小縣　まず、ラテ兼営局・朝日放送（★4）に入ってつくづく良かったと思います。就職活動の時にはそこまで考えてはいなかったんですけど、ラテ兼営局じゃなかったら、今こんな感じにはなってないだろうと思います。これはラジオパーソナリティだけじゃなくて、スポーツ実況においてもまったく同じで、ラジオがあるから積み上げられたことも多い。ごく単純化した話ですけど、ラジオから引き算でテレビの中継もできますから。就職活動のとき、そこまで考えてた？

浦川　自分はむしろラテ兼営とかラジオ局にはできれば行きたくなかったんです（笑）。テレビっ子だったもので。でも、結果としては、ラテ兼営局に入ったからこそ今でもアナウンサーでやれているのは間違いないです。テレビ単営だったら50代後半とか60になってまだやってる人なんて本当に限られますから。

小縣　若い頃の瞬発力はテレビでしょうしね。

浦川　そうですね。年をとって、ずくずくじくじく喋るっていうのはテレビでは求められない。例えばフジテレビの三宅（正治）さんみたいな人は特異な例で、あの人は50代のテンポじゃなくて今でもとても早い。そこが維持できているから活躍されているんでしょうね。ラジオは60歳を

★4　現在は分社化され、全国的にも「ラテ兼営局」と言うケースも減っている。ちなみにABCアナウンサーは「朝日放送テレビ」所属。

浦川泰幸
うらかわ やすゆき

1971年5月21日生まれ。熊本県出身。1995年に朝日放送に入社。「ABCミュージックパラダイス」（1998〜2008年）では他の曜日の陽気なアナウンサーとは違った「いつも心は後ろ向き」キャラで人気を博す。テレビ番組の司会を歴任、本人曰く「イキリ万太郎時代」を経て（いろいろあってから）久々のラジオレギュラー「金曜はウラから失礼」（2019〜2020年）で磨きのかかったネガティブさを披露。2020年秋から「ウラのウラまで浦川です」をスタートさせた。

超えて活躍されている人が三代澤さんをはじめいっぱいいらっしゃる。

小縣　自分の10年後で言うと、ラジオで喋り続けている可能性はもちろんあるし、他の選択肢もあるかな。

浦川　フリーですか？

小縣　いや（笑）、スポーツの分野でも色々あるわけよ。さっき出た太田さんもね、10年ぐらい前かな？　60歳を超えてもゴルフの現場にいらっしゃるわけですよ。ゴルフのスタートアナなんかは若い子じゃ務まらないんです。全英オープンなんかはタキシードを着たおっちゃんが渋みを効かせて成立する。それにニッポン放送なんかはすごいよ。胡口さんは70代だし（★5）。

浦川　宮田さんは80ですからね（★6）。

小縣　そうそう。去年、佐藤輝明の西武戦３ホーマーの時は宮田さんでしたね。そういう試合に当たるんよね（笑）。だから、パーソナリテ

★5　胡口和雄アナウンサー。1948年生まれ。

★6　宮田統樹アナウンサー。1941年生まれ。

ィもスポーツ中継も、今から10年後にやっていても決して荒唐無稽な話じゃないのよ。

浦川　いいなあ、スポーツアナウンサー（笑）。でも宮田さんの実況を聴いていて思ったけど、昔の貯金だけで仕事してる人はダメなんでしょうね。宮田さんは、佐藤選手の好きな「ももいろクローバーZ」の「Zポーズ！」とかのワードをすぐに出してましたから。

小縣　アップデートしてるのね。

浦川　そうそう。アップデートし続けないといけないんだろうなあと思います。「昔やってたからいいでしょ」になったらダメなんでしょうね。

原点「ミューパラ」について

――最初担当された大きなラジオ番組はお二人とも「ミュージックパラダイス」でした。

小縣　あの存在は大きかったよね？

浦川　若手男性アナウンサーが、メインで3時間も使ってもらえますから。

小縣　力もないのに、1年目の冬から経験させてもらって、いろいろ教わりました。

浦川　僕は入社4年目で就いたから、もうその時点でガッチは超スターでしたよ。その頃ね、僕は毎週土曜日が来るのが嫌で嫌で。ディレクターが厳しくって、イントロが22秒だったら20秒か21秒で上げないといけないんです。喋ってる途中で曲が始まってしまったらもう人殺しのような目でこっちを睨んで、ガラスの向こうでなんか怒ってるんです。

小縣　そんな怖かった？（笑）

浦川　怖くて怖くて。夕方6時頃に会社に行くわけですけど、秋口なんかは日もとっぷりと暮れていて気持ちもずーんとなりまして。何度尼崎から逆方向の神戸行きの電車に乗ろうと思ったか。

小縣　相当鍛えられたね。

浦川　それはそうです。テレビでも中継の乗り降りがありますけど、全然苦じゃないよね。「ミューパラ」のイントロ合わせに比べたら「58分に東京から受けて」とか、そんなもん簡単簡単（笑）。

小縣　僕は逆ですね。「ミューパラ」はノビノビやらせてもらった。

浦川　それはできる人だから。

小縣　違う違う。1年目で何も知らなかったから自由にやらせてもらっただけです。でも、若造のくせに言いたいことは言っていて、「僕がこう思うからそれでいいじゃないですか！」とか、今から思えばよくあんなこと言うてたなって思います（笑）。でも「ミューパラ」で一番いい経験だったのがインタビューですね。毎週ゲストが来てくれていたので、インタビューに次ぐインタビュー。経験値は積みましたね。

浦川　番組も持ったことのない若い人間のところに結構なビッグアーティストが来るわけだから、徹底的にその人のことを掘り下げて、「これを言ったら嬉しいだろうなぁ」って事前に調べまくるんです。「なんとかペディア」もない時代ですけどね。これはいいと思ったけど案外ダメな質問だな、とか場数を踏んでいくといろいろサンプルが採れました。この経験は、30代後半、40代になりテレビをやるようになってからのインタビューでもすごく活きました。

小縣　やっぱり場数だと思いますよ。プロモーションで来ているはずなのに、なぜか機嫌が悪い人なんかもいるんです。まぁ、来る日も来る日も同じ事を訊かれてるんだろうなって相手の立場も考えられるようになった（笑）。

浦川　でも、そういう人は大抵売れなくなってきます。

小縣　社会的に抹殺される？（笑）でも、こっちも他の誰かと同じようなことを訊くのは嫌ですから、どうやって違う角度から質問を投げかけようか工夫をするようになった。

浦川　人と違うことをやらなきゃとは思いますね。

レジェンドの後を引き継ぐということ

小縣　僕らの世代はもともと人が多いですし、この業界なんて個性の塊みたいな人たちばかり。そこでどうやって生き残るか、ですから、どう自分らしさを出すかなんです。だから「この人みたいになりたい！」ってなってたら埋もれちゃう。

浦川　ですね。「この人になりたい」とは思わない。

小縣　これはラジオの番組でもまったく同じで、この流れだと語弊がある言い方になってしまうんですけど、「おはパソ」でもそうで、道上さんは道上さんなんです。単なる後継になってしまうとおもしろくない。

浦川　まさにその通りですよね。上の世代の、それはもう大きい方の後を引き継ぐ時は特に…僕もお陰様でその役回りが多い。

小縣　そういう人生だもんね（笑）。

浦川　20年宮根（誠司）さんがやった後の「おは朝」だし、児玉清さんが36年おやりになった後の「アタック25」だしね（★7）。その方々の真似をしても、頑張ったって「ミニ版」にしかならないので、それはお客さんにも悪かろうし、一緒にやっているスタッフにしてもその番組でご飯を食べているわけですから、その番組をもっと大きくしなきゃいけないと思ったら、前任者のマネはむしろしたくない。もちろんそれはリスペクトはしながらですよ。

小縣　もちろんもちろん。

浦川　大リスペクトをしながら、その人と同じことをやっても敵うわけがないので、前任者がやらなかったことをやるべきだと思います。宮根さんがあまりおやりにならなかったニュースを中心にしたり、児玉さんはもちろん超人格者ですから私は毒を吐いたり。

小縣　そこもそうなんだ（笑）。実況に関しても先輩方が行かなかったルートから山を登ってみたりね。今、下の子がどうなのかわからないんですけど、いい意味でも悪い意味でも先輩をリスペクトしすぎてる気はしますけどね。どこかで聞いた表現やなあとか、もうちょっと〝山っ気〟がないかなぁと思うことはあります。

浦川　あぁ山っ気はないですね。ガッチなんてもう〝歩く山っ気〟ですから。

★7　浦川アナの「おはよう朝日」総合司会は2010〜2015年、「パネルクイズアタック25」司会は2011〜2015年。

小縣　いやいやいや（笑）。

獣道だろうが自分独自のルートを登る

小縣　ウラウラはずっと独自の「ウラウラ山」を登っているなぁってずっと見てましたよ。ある意味、自分とはルートが交わることのない人だなって思いながら。

浦川　それはしょうがないでしょう。1年上に巨根じゃない、巨大な山があるわけだから。小縣、清水（次郎）という。

小縣　僕らは僕らで上の人と同じルートは登らないですよ。武（周雄）さんや和沙（哲郎）さん、伊藤史隆さんや中邨雄二さんとは違う、獣道であろうが別のルートを探しながら。それでふと横を見たら「おっ、浦川、向こうの獣道で頑張ってるな！」くらいの感覚で（笑）。どちらかと言うと、同世代の戦友として僕は見てましたけどね。

浦川　皆さんに背を向け、崖を登ってるんです。メインストリームじゃない方の崖を。

小縣　でもそれが今はいろんな世代の人に受けてますから。逞しくもあり、頼もしくもあり、今もそうやって見てますね。

浦川　僕の場合、さっき言った1年上の人たちがあまりにも優秀で、社内から大きな期待を集めている人たちでしたから…2人とも色黒でね。僕は絶対日焼けするのは止めようと思いました

（笑）。ただ、もともと僕はスポーツに興味がなかったし、苦手だったということが逆に良かったなって思います。同じスポーツアナウンサーを目指していたら、絶対に2人を超えることはできませんから。

小縣　苦手と言いますけど、甲子園ハイライトとかを担当してましたからね。あれをやれたら結局スポーツも語れるんですよ。

浦川　語れません！　昨日ね、（アナウンス部の）勤務デスクをやっている奥様（★8）からLINEが来て、「ナイターのスタジオ受け、できませんか？」って。

小縣　できるやん！

浦川　ナイターの提供を読んでね、中継が終わったら「いやあ今日のタイガースの試合、3回裏、中野のあのヒットが…」ってできるか！（笑）　ただ、僕ね、松坂大輔さんが横浜高校のときにインタビューをしているんです。

小縣　ほら。結局、自分の興味あることだけやればいいという時代じゃなかったですから、何でもできるし能力も高いんです。

浦川　そういえばテレビ実況をやってる横に座ってスコアブックもつけてましたわ。

小縣　でしょ。結局やっているんですよ。今だと、スポーツやっていない子はできないですよ？　そういう泥臭いこともウラウラはぜんぶやってきたこと、僕は知ってるんですよ。僕が土曜の番組をやってるときに、その前番組のリポートとかもやってましたよね。

浦川　「ガッチThe Music」の前の「ウィークエンド情報シャッフル」ね。（★9）

★8　武田和歌子アナウンサー。小縣裕介とは2003年に結婚。

★9　ともに1996年10月スタート。「ウィークエンド〜」が6:05〜8:00、「ガッチ〜」が8:00〜12:00の放送

小縣　仕事に優劣はないんですよ。泥臭いこともやってる。

浦川　優劣はないけれども、これは決して嫌味で言うんじゃなくて、やっぱり小縣さんは「本線」を歩く人で、僕は「支線」を渡り歩いていくタイプ。運命づけられているなって思って見てましたけどね。

小縣　ただ、それがぜんぶ今に活きている。

浦川　そうかもしれませんね。アナウンサーって、全員が大きな番組のメインを張れるわけじゃなくて、むしろそんな人はひと握りですよ。それを経験できる人は全体の多くて２割、いや１割ちょっとかな。残りの８割ぐらいはその人を支える仕事に回るわけです。そこで妬み嫉みを持っていたらこの仕事は続かないので、「いつかあそこに自分も行けるかもしれない」という希望を持ちながらも、でも行けないところで、その仕事のやりがいを考えて研鑽していかないとやってられないですよ。

小縣　ウラウラが若い子に対して、そういう仕事の大小、優劣がないということをきちんと教えていることも僕は知ってます。だからよく言われる「イキリ万太郎」なんて僕は思ったこともない（笑）。今だってね、後輩の相談にも乗ってるし、そういうエマージェンシーの時にパッと手を差し伸べてあげるという、太田イズムなんですかね。きちんと継承されている。

浦川　そんなに見てくれていながら、２人で飲みに行こうってなったことはない。

小縣　それはそう（笑）。

組織は組織でいい？ 10年後の未来予想図

――お互いの番組の感想とエールをお願いします。

小縣　僕は単純に面白いなと思いながら聴いてますね。朝ではできないことも多くて、夕方を飛び越え、深夜か！っていうくらい、下ネタでも何でもアリですから。羨ましくもあり、のびのびとウラウラがやってるのを聴いて、やっぱり良かったなあって思います。最終的に、ここにこの年代で行き着いたというのが素晴らしい。「塞翁が馬」じゃないですけど、ここまでいろいろ経験して、酸いも酸いも酸いも経験し（笑）、よかったな！っていうのが正直の感想です。

浦川　ありがとうございます。僕はね。まあ同い年で1期上という微妙な立場ではありますけども、まずは間違いなく大変だろうなと思います。それはやっぱり45年やられた御大の後ですから。基本がスポーツのアナウンサーという印象の中で、朝刊が届く時間だからニュースも手厚くやらなきゃいけない。お客様にとってこれまでの印象と違うというところもまた大変でらっしゃるだろうなと。でもね、やっぱりなんでもできる人ですし、聴いているとトーンもゆっくり、声も下げてね。「でー」とか「がー」という共鳴音が綺麗なんですよ。人を安心させる周波数を出しているなって思う。

小縣　テクニカル来たね。まぁ朝は自然とそうなりますかね。

浦川　僕だったらああはいかないですからね。70代、80代のお客様もいらっしゃるので、さすが

ノビノビとしてしている様子を聴くにつけ「よかったな」と思う。（小縣）

だと思います。

――10年後も変わらず喋ってらっしゃる？

小縣　シャッフルしよか？　夕方やらせてよ。制限のない夕方を。

浦川　制限ないことはない（笑）。10年後もニーズがあれば喋っていたいですね。でもこればっかりはニーズがね。ニッポン放送の宮田さんみたいにアップデートしながら、何だったら若い人のことも馬鹿にするくらいの、今いないタイプの年寄りになってたいですね。

小縣　多分ウラウラくらいになるとフリーになってもいいんですよ。でもならない。組織にいることの良さがあるでしょう？

浦川　ぬるま湯ですか？（笑）

小縣　いやメリットがあるんでしょう。今、仕事している中で、この中間管理職、まあ、「部長プロフェッショナル」って名ばかりの管理職なんですけど、上の人間がいて、下にもい

朝に人を安心させる声は小縣さんだから出せるんです。（浦川）

て、毎年新人アナウンサーが入ってきて、というフリーには絶対ない環境です。

浦川　自分も新陳代謝できますもんね。

小縣　そう。毎年毎年アップデートしていく組織に身を置いておけるって、一般感覚としてすごく大事なことだと思うんです。なんだかんだ言いながら会社のことは嫌いじゃないんですよ。

浦川　好きでもないですけど（笑）。まぁ僕なんて人付き合いが苦手だから、組織から離れたら本当に人と喋らなくなる。

小縣　だからあまり偉くなりすぎるのもよくないのよ。若い人が近づいてこなくなる。

浦川　我々、名ばかり管理職でよかったです。

小縣　プロフェッショナルで頑張りましょう。

おはようパーソナリティ 古川昌希です

金曜6:30 ～ 9:00
Mail oha@abc1008.com

中村鋭一、道上洋三から学ぶ パーソナリティの理想形とは

古川昌希

ふるかわ まさき

インタビュー・文・写真｜梅田庸介

ウラのウラまで
おはパソです❷

ABCラジオの看板番組「おはようパーソナリティ」は1971年「～中村鋭一です」からスタートした。〝パーソナリティ〟という概念さえなかった時代にどのようにして人々に受け入れられていったのか、そして人気番組を引き継いだ道上洋三はどう苦悩し乗り越えたのか――「中村鋭一です」番組立ち上げから関わった和田省一氏と、現在の「おはパソ」金曜を担当する古川昌希の特別対談。

和田省一

わだ しょういち

（ABC元役員、「おはようパーソナリティ 中村鋭一です」スタッフ）

米国を見習い「パーソナリティ」番組を作る

――和田さんは「おはようパーソナリティ」立ち上げに関わられたということで、当時のことをお聞かせください。

和田　僕は１９７０年に入社し、ラジオ局ラジオ業務部編成課というところに配属されました。その時の部長が吉川忠章さんという方。この人が朝帯をがらっと変えようとされたんです。当時のラジオはすでに夜のゴールデンタイムをテレビに取られた格好でしたので、ラジオ営業の主力は朝の番組だったんです。ナショナルスポンサーも含めて、5分、10分、15分と細かい箱番組が並んでいて、ここで売上が立ってたんです。そこにメスを入れようと。業務部長というのは売り上げの最高責任者です。その人が責任は僕が取るからと言うんで、その検討会議を作るんですね。メンバーが業務部長と今田さんという編成課長、そして新米の僕だった。そこに聴取率調査を担当していたセクションの人も時々顔を出すという状態で、朝帯をどのようにしていくのがいいかを議論していたんです。

部長は朝帯すべてを更地にしてイチから作ろうという。編成課長は、そこまですることはない、売り上げを落とすのは冒険だと。泊まり明けのアナウンサーがステブレ枠（★1）1分のところに生のコメントで、例えば「今朝は爽やかないい天気ですね」などと入れて繋いでいけばいい。つまりステブレ枠を犠牲にするだけでいいんじゃないかという意見。そういう議論がありましたが、

★1　「ステーションブレイク」の略。番組から次の番組へ移る間の時間のこと。スポットCMを流す枠として使われる。

最終的には吉川業務部長の判断で更地にすることになったんです。7時15分から9時まで、売り上げダウンは承知の上でやろうと。

そうすると、次は誰をパーソナリティにするかです。アメリカのサンフランシスコから経験者を呼んでテストみたいなこともしました。で、結局は当時朝日新聞社会部に出向していた中村鋭一さん（★2）に白羽の矢が立った。ご本人もOKということで。

──「パーソナリティ」を立てたかった？

和田　これより少し前にアメリカに視察団を出してまして、当時のアメリカのタイムテーブルには人の名前がタイトルに入った「○○アワー」という2〜3時間の番組がいくつも並んでいて、パーソナリティの時代になっていたんですね。当時の日本にはまだパーソナリティという概念はなかったんです。TBSラジオの朝に「おはよう片山竜二です」（★3）という番組があって、これは朝のワイド番組ではあるんですが、先ほどの今田課長案の形で、ベルト番組を片山竜二さんがつないでいたからパーソナリティ番組とは言えなかった。最初のパーソナリティ番組は「おはようパーソナリティ中村鋭一です」だったんです。

売り上げは落ちるどころか、話題になったおかげでスポンサーもいっぱいついてくれた。以前よりも売り上げも増えていき、9時までの放送を9時半までに拡大しようとなりました。それに伴いスタッフを1人増やそうということになり、最初から関わっていた和田が「おはようパーソナリティ」担当という条件でラジオ制作部に異動となったわけです。そこからスタッフとして制作にも関わるようになりました。

★2　1930年生まれ。1951年に朝日放送第1期アナウンサーとして入社。1977年参院選出馬のため退社。1980年参議院議員初当選。参議院議員2期、衆議院議員1期務める。2017年死去。

★3　1970年4月〜1976年4月までTBSラジオで放送。

"いちびり"の天才・中村鋭一

「おはパソ」以前にあった5分、10分の番組には全国ネットの番組もあった。それらを束ねたワイド番組（前述の「おはよう片山竜二です」等）は、現在のローカル局の朝ワイド番組（関西以外）にも似通っている。全国ネットのニュース番組や15分程度の録音番組が流れ、合間合間にその局の喋り手が登場するという手法である。仮定の話をしても仕方ないが、もし朝帯を更地にし真のパーソナリティ番組にしていなかったら、ABCラジオのみならず大阪のラジオ局の独自性は今よりももっと薄まっていたのかもしれない。

和田　その地方に密着したパーソナリティが生き生きと喋る番組を目指した訳で、それが大成功した。また中村鋭一さんは地元の球団である阪神タイガースの大ファンで、番組内でもどんどんそれを押し出していったんです。それが受けた部分も多いんですが、最初は抗議もたくさんありました。今は大阪の局ならどこも阪神を応援していますが、当時は公正中立であるべき電波を使って一つの球団を応援するのは何事かという時代でした。

古川　ごもっともです。

和田　ただ、公正中立はＮＨＫでいい。我々はＮＨＫの逆張りをやろうとしたわけなんです。それがやはりすごく当たった。中村さんの好きなこと、趣味なんかを全面に出していったら、生き

和田省一
わだ　しょういち

1946年7月1日生まれ。1970年朝日放送入社。若手時代は「おはようパーソナリティ　中村鋭一です」を皮切りにラジオ制作に携わり、その後テレビへ。テレビ朝日との共同制作「サンデープロジェクト」など人気番組を手掛ける。朝日放送の専務取締役、副社長など役員を歴任。

生きとしたパーソナリティになったんですね。

――中村鋭一さんは愛されキャラだった？

和田　そうです。１９７０年頭は佐藤栄作首相で「えいちゃん」と呼んでほしいと言ったけれども誰も言わなかった（笑）。中村さんの場合、本人が頼まなくてもみんなが「えいちゃん」と呼んで愛されていました。「個性が強すぎる」と悪く取る人もいるんですが、『おもろいおっちゃん』像は浸透していきました。ただ、当時まだ40代の前半だったんです。

――意外に若いんですね。

和田　山内久司さんという必殺シリーズを作ったプロデューサー曰く、中村さんは突き抜けていると。アクの強さや〝いちびり〟加減が突き抜けているとおっしゃってた（笑）。そこまでいくと愛されキャラクターになるんですよね。とはいえ、番組をやっていって支持が高まるにつれて、中村さんの中にも責任感が生まれたり当然心境の変化もあったでしょうね。我々スタッフにはわからない形で上手に自分のキャラクターを修正していく部分もあったかとは思います。

レコード室に眠っていた「六甲おろし」

――阪神が勝った翌日の放送で「六甲おろし」を歌うという「おはパソ」の伝統は道上さんに、そして現在の「おはパソ」に引き継がれていますが、どのような経緯で始まったんですか？

和田　中村鋭一さんのキャラクターを活かすコーナーの１つとして、鼻歌コーナーというのがあったんです。自分の声が歌手の灰田勝彦さんに似ているというんで気取って歌ってたんです。これまた〝いちびり〟ですね（笑）。その鼻歌コーナーで毎日１曲生で歌ってまして、時には軍歌なんかも披露していたんです。

古川　すごいなぁ（笑）。

和田　朝から何を歌ってるんだと抗議があったりしながらも人気だったんですが、それとは別にスポーツコーナーがありまして、こちらでは阪神が勝った時はいいんですが負けた時にスポーツ紙をビリビリに破ったことがあったのですが、その時は「新聞を破るとは何事か」というお叱りをいただきました（笑）。

古川　それは叱られます。はい。

和田　ある時、中村さんが「阪神タイガースの歌があったはずや」と言い出して。3階の制作の部屋から4階のレコード室に僕が探しに行ったんです。確かに「阪神タイガースの歌・若山彰」というコロンビアレコードがありました。その当時既に廃盤になっていましたけど。

――当時は一般に知られてなかった？

和田　無名でしたね。レコードがあることすら誰も知らなかったと思います。こんなのあったんだ、というくらいな感覚でしたが、かけてみようとなりました。それをきっかけにして、鼻歌コーナでいつも歌っていたということもあって、巨人戦に勝ったら中村さんが「阪神タイガースの歌」を生で歌うようになったんです。終いには巨人戦に勝つと3コーラスフルに歌っていました（笑）。最後のフレーズ、「阪神タイガース！」というところを「血管切れるわ」というぐらいの勢いで大熱唱をするわけですけども、これがまた面白いとなりまして定番化しました。最初「阪神タイガースの歌、行こか！」だったのが、徐々に、歌い出しの言葉を使って「ほな、六甲おろし行くで」になってきたんです。そこからあの歌のタイトルが「六甲おろし」になり、誰も知らなかった歌がいつからか甲子園球場で公式にかかるようにもなったんです。そういうダイナミックに物事が動いていくことが多くておもしろかったですね。

――それを今、古川さんが引き継ぎ、番組内で歌ってらっしゃる。

古川　心して歌わないといけませんね（笑）。でも番組発で球団公式ソングになるぐらい、番組自体に影響力、人気があったんですね。

和田　そうですね。最初にやり始めるということはさっきも言ったように抗議の電話がひっきり

古川昌希
ふるかわ　まさき

1987年10月14日生まれ。大阪府出身。2011年朝日放送入社。中継リポートに定評があり、テレビの情報バラエティ番組には欠かせない存在。現在は「newsおかえり」のフィールドキャスターを務める一方、2022年4月からは「おはようパーソナリティ古川昌希です」を担当。「ふるぽん」「いさちゃん」（去来川奈央）のコンビで週末の朝を盛り上げる。

なしに鳴るくらい反発もあるんです。それにもめげずにやり切るスタイルでした。

古川　和田さんの中で「これは止めておいたほうがいいんじゃないの？」などの迷いはなかったんですか？

和田　「中村さんがやりたいことをやってもらう」のが僕らの仕事でしたし、信頼感もありました。

中村鋭一、突然の降板劇

――1977年3月、中村鋭一さんは参議院議員選挙へ立候補されるということで朝日放送を退社、番組も終了となってしまいます。中村鋭一さんの「やりたいこと」の中に国会議員があったのでしょうか？

和田　もともと番組内でもさまざまな社会問題について語ってきてましたし、三木武夫さんや宇都宮徳馬さんのような、自民党ハト派的な政治スタンスだということは皆わかってました。時々、そういう方々にゲストに来てもらったり電話出演もしていただいていたのですが、ある時、河野洋平さんが新自由クラブを作って自民党を飛び出すと。話題になっているからゲストに来ていただいたんです。本番が終わるといつもはスタッフと一緒に食堂へごはんを食べに行くんですが、その時は河野さんと向かいのホテルプラザに行って長時間話をされていました。河野さんから次の選挙に新自由クラブから立候補してほしいと言われたんですね。

——ゲストにいらして、そのままスカウトしたわけですね。

和田　中村さんはこれだけの人気を誇る人で、しかもきちんとベースのある方でしたので、新自由クラブも欲しい人材だったのでしょう。それから間もなく中村さんは番組プロデューサーの中川隆博さんの京都の家へ出向き、番組を降板することを相談されたんです。中川さんは京都人で、七輪の上にかき餅を網の上で焼きつつお話されていたのですが、中村さんの話によれば、時折「ジューージュー」と音がすると。何かと思ってみればそれは中川さんの涙がかき餅の上に落ちた音だったそうです。中川さんは涙を流しながら止めたんですけど、中村さんは「これだけは許してくれ」と決意も固かったそうです。僕も若輩ながら「中村さんが国会に行って500分の1になるよりは、毎朝話してる方がよほど影響力が大きいと思います」と進言したのですが、同志社大学弁論部の時代から、「総理、あなたは！」ってやってみたいねん！とおっしゃった。

古川　じゃあしょうがない（笑）。

和田　これが中村さんなんです。仕方ないなぁってなるんです（笑）。

引継ぎ者・道上洋三の苦悩

中村鋭一の降板により、「おはようパーソナリティ」の後継者として白羽の矢が立ったのが、ご存じ道上洋三。今もなおABCラジオの金看板＝「おはようパーソナリティ」であり続けるのは、道上洋三が後を受けたからだと言ってよいだろう。が、人気番組を引き継ぐ者の苦悩・葛藤・プレッシャーは、計り知れないものがあったと、近くで見ていた和田氏は述懐する。

和田　中村さんが降板されるということで、会社としては一大事でした。売上の柱がごそっとなくなるんですから。ただ、こういうこともあろうかと想像していたんでしょうか、その2年前1975年の春に「明日は日曜道上です！」(★4)という番組をスタートさせていました。平日の「おはようパーソナリティ」と「フレッシュ9時半！キダ・タローです」を合わせた3時間45分の土曜版的な番組です。これは明らかに「中村鋭一の後は道上洋三だ」という、会社の意思決定だったと思うんですね。その番組は中川さんから「道上さんは若いんで、酋長(★5)がやってほしい」と言われ、僕がプロデューサーに就きました。当時、道上さんが伊丹に住んでいて、僕が宝塚だったので、道上さんの車で一緒に帰りながら、車中や途中で喫茶店に寄ったり、時には我が家で、「ここをこうしたらもっと良くなる」などと番組について話し合いました。僕もプロデューサーを任されたという意気込みもあって、しょっちゅうマイナーチェンジを繰り返してましたね。そ

★4　1975年5月〜1977年3月まで放送。「子どもの心」などのちの「おはようパーソナリティ」につながるコーナーもあった。

★5　中村鋭一が和田省一につけたニックネーム。中川Pには「大統領」など、スタッフ全員をあだ名で呼んでいた。

ういう番組を2年間やったこともあり、「おはようパーソナリティ」の後継に指名されたわけです。

――当時、後継を任された道上さんは、どういう様子でした？

和田　2人で話したとき、中村さんの後は道上さんですからねと言ったら、「それだけは絶対に嫌。あれだけ成功した人の後をやるほど辛いものはない」と言ってました。でもそう言いながらも、どこか観念してたところがあったと思います。「あすは日曜 道上です！」を受けた時点からまあそういうことですから。

――道上さんは当時34歳。古川さんは今35歳？

古川　そうなんですよ。「おはパソ」をやってちょうど1年なので、お受けしたのがまったく同じ34歳でした。偶然ですよね。

――当時の道上さんの心境をどう推測されます。

古川　いや、申し訳ないですけど、その時の道上さんより、僕の方が怖かった自信はあります（笑）。だって人気はおありだったんでしょうけど、中村鋭一さんはトータルで何年でした？

和田　6年です。

古川　道上さんは45年ですから（笑）。だけど、道上さんでもそれだけ怖さがおありだったんですね。僕の場合は道上さんのように拒否はしてなくって、「わかりました」ともうただただ従うだけ。その代わり受けてからオンエアの日までずっと悶々と過ごすって感じでした。加えて、僕は一切ラジオの生放送もやってこなかったので、ある意味怖いもの知らずで飛び込んだみたいなところはあります。道上さんがもし万が一退かれることがあったら、その歴史とともに番組は終

わるものだというくらいの印象でしたし、道上さんイコールおはようパーソナリティになっていたので、よもや自分に⁉という驚きしかなかったです。

全人格を露出しながら戦い続ける日々

和田　そんな道上さんでも番組スタートしてから3年間は苦しかったと思いますよ。聴いてる人もそうでしょうが、僕なんかから見ても、ついつい中村鋭一さんと比較して、どうしても頼りないとか物足りないという風に思ってしまうんです。だけど朝日放送はダメだから打ち切るという姿勢は微塵も見せなかった。もう道上しかいない、とにかく長く続けるから任せた！という形ですから、いつ打ち切られるかビクビクすることもなく、スタッフサイドとしてもどーんと構えてよりいいものを貪欲に作っていこうという姿勢でいられた。

当時はよくパーソナリティを「全人格露出者」なんて言ったんですが、自分のすべてをさらけ出しながら、道上さんは毎日2時間矢面に立って戦っていらした。最初の3年は地獄のような日々だったと思います。それが30周年ですかね、大阪城ホールで1万人以上を集めて、会場に入りきれず、3千人は帰らざるをえなかったということを聞いて、あぁ道上さんはここまで来たんだと思ったものです。

——道上さんの個性がうまく出始めたきっかけなんてあったんでしょうか？

和田　中村さんとの違いで言うと、道上さんは若くてアスリート気質だったんです。毎朝声が出るように動き、走ったりしていて、ホノルルマラソンに一緒に行くなど（★6）アスリート系の特徴を活かしたイベントをやったりして、健康的な部分がうまく活用できたと思います。道上さんもそういう部分に関しては自信をもってできるので、余裕も出てくる。そこからうまく回り出したのではないですかね。それに公開放送などで集まった人たちからもらったパワーが道上さんのスイッチを押させたというか、力強くしたのではないかと僕は思っています。

——古川さんもラジオまつりなどで直接リスナーさんと会われてそう思いました？

古川　（2022年の）ラジオまつりは大雨だったんですよ。みなさん、びしょ濡れになりながら駆けつけてくれて応援してくださった。大半の方は道上さんのリスナーさんだったわけで、始まってまだ1年も経っていない我々にそこまでしてくださるのは、それだけ道上さんの番組を愛してくださった人たちだから。いわば道上さんのご家族のような方たちを引き続き預からせていただき、僕らもお世話になるという、そんな思いが強くなったイベントでしたね。

★6　1981年12月、100人を超えるリスナーと共にホノルルマラソンへ出場。リスナーとの交流もあり、自分自身のラジオでの在り方に自信を深めたと後に語っている。

パーソナリティ・古川昌希の魅力

――そんな伝統ある番組の中でどのように自分の色、「パーソナリティ・古川昌希」を出していきたいですか？

古川　実はこれが難しくて。「おはパソ」のゲストで翻訳家の戸田奈津子さんがいらっしゃった時「字幕は透明でなきゃいけない。字幕が気になっては失敗だ」とおっしゃっていたんですが、僕がアナウンサーとして入社してからの意識ってまさにそれなんです。僕は情報の伝え手であって、あくまでも主役は情報。誰がどういうことになったのか？　なぜそうなったのかを伝えることが主眼で、僕という存在が気になってはいけない。だから極めて無色透明でいようと思ってこれまで来たんです。そこからもう１８０度違って、自分を出しましょう。あなたはどういう人ですか？　それを元に番組を作っていきます。そんな方向転換があったわけで、もう1年経ちましたけれども、まだ頭の中でうまく整理できてないんじゃないかなという葛藤があります。加えて、さっき申し上げた道上さんの作ってこられた大きな歴史というのもありますし、正直思考停止に近いような状況ではありますけど、手探りでやってるのが正直なところです。

和田　古川くんは入社した時から、無色透明というか個性を殺して、素晴らしいアナウンスメントができる即戦力で、そこは申し分ない合格点だった。で、古川くんが悩んでるように、パーソナリティはある種、きれいごとな部分こそ打ち破らないとできない。聴いてる皆さんを信頼して、

「正直、僕はこんな人間です」と恥を晒してでも…というくらいの世界だから、今までやっていたことを否定する部分も出てくる。無色透明な部分が出来上がっていた古川くんだけに、もしかしたら道上さん以上に葛藤しているのかもしれない。ただ、僕がラジオで聴いてる限り、とてもいいと思いますよ。

古川　ありがとうございます。

和田　「おはようございます！」という中村さん、道上さんに通じるような声を張った元気な声が、自分の世界に決して収まらず、突き抜けて行く空気が感じられる。そういう姿勢には可能性をすごく感じます。もっと自信が出てくれれば、「これ行き過ぎかも」と思ってもいいので、さらに自分をさらけ出すという意識で行けば必ず成功すると思います。

古川　嬉しい。もう本当に励みになります。和田さんは、入社試験の役員面接でお会いした方で、この紳士たる出立ちと雰囲気で、こんな方がＡＢＣにいらっしゃるんだっていう驚きと尊敬もありますし、現場でずっとやられてきた和田さんにそう言っていただけるのは本当にありがたいことです。

――自分の世界に収まらないことが大切なんですね。

古川　まだまだ足りないなというところではあるんですけど、確かにラジオでは「ここだけの話」になりたくないと思ってます。ついついスタジオだけで盛り上がってしまいがちですけど、誰かが話を聞いて「ほー」とか「へぇ」と思える話にしたいです。それに全人格露出をするってことはテレビではまずできない経験なので、そこに関しては新鮮で貴重な経験をしているなぁという感覚です。

――まだ出していない〝知られざる古川昌希〟に期待しています。

和田　たまに言い過ぎたりして、お叱りをいただいたりすることもあるかもしれません。ただ、お叱りをいただけるだけありがたいんです。そこに素直にごめんなさいと言えばよくって、それが聴取者とのキャッチボールなのでね。それで間合いを計りながら、あ、ここまでやると言い過ぎかとか、ここまでならいちびってもいいんだって判断していけばいい、と思いますよ。

古川　ありがとうございます。少しずつでもいちびっていきたいと思います（笑）。

第5章

ABCラジオと上方落語

開局からずっと深い縁だった
上方落語の魅力とラジオとの
絶妙な関係性を語る。

桂 吉弥 × 小佐田定雄

かつら きちや　おさだ さだお

取材・文｜上野 準　写真｜梅田庸介

ABCラジオと
上方落語❶

きっちり紐解く
上方落語とラジオの深い関係

ABCラジオを語るうえで外せないのが「上方落語」である。歴史あるイベント「上方落語をきく会」は毎年開催され、「日曜落語〜なみはや亭〜」などの落語番組はレギュラーでオンエア、さらには出演者として多くの落語家が関わってきた。

「征平・吉弥の土曜も全開!!」「きっちり!まったり!桂吉弥です」に出演中の桂吉弥と、上方落語の歴史に造詣が深い落語作家・小佐田定雄に、戦後から上方落語とABC、ひいては関西のラジオがどう深く関わりあってきたのかを紐解いてもらった。

上方落語の戦中・戦後

小佐田　上方落語自体がね、１９３５年に初代春団治師匠が亡くなる前後から、ずっと漫才に押されてましてな。なんだかんだ頑張って続けていたけど、まあ言うたら保存するというか、守る立場でした。そこで五代目の笑福亭松鶴師匠という方が、四代目の桂米團治師匠と手を携えて「楽語荘」いうのを始めて、戦争中もなんとかやってたんです。

「楽語荘」とは、五代目松鶴が〝来る者拒まず 去るもの追わず〟をモットーに、大阪市東成区・今里の自宅で始めた落語研究道場のこと。１９３７（昭和12）年には五代目松鶴のもとに志を同じくする者たちが続々と集まり、楽語荘主催による「上方はなしを聴く会」が高麗橋・三越劇場で開催された。しかし、それでもなお落語家ひとりひとりの生活は苦しく、松鶴みずからが学校や企業などに営業をかけ、仲間の生計を助けていた。すべては上方落語の再興を期してのことである。

小佐田　いよいよ戦争が終わったけども、結局もう、その段階で寄席も開いてないし、落語家も少ない。残った方も高齢者ばかりで「そろそろ滅びるかわからへんなあ」とささやかれ始めましたが、それでも上方落語を続けようと動き始めたんですな。すごいのは、終戦から３ヶ月後の１

945年11月21日に五代目の松鶴師匠が米之助師匠、つまりその頃は（四代目）米團治を襲名してはった師匠と（三代目）笑福亭枝鶴師匠の3人で落語会を始めました。場所は四天王寺の本坊、「第1回上方はなしを聞く会」を開催したんです。その翌年に、中川清という人、のちの桂米朝師匠です。この方が姫路でも「上方はなしを聞く会」の、姫路公演をやりました。言うたら両方とも上方落語を保存するという意識で始めたんです。

吉弥　米朝師匠はアマチュアとして「中川清」名義で落語会をやったり、解説したり。兵隊に行ったときも腎臓が悪いからと入院させられて、患者の前で一席やったりもしたらしいですな。

のちに人間国宝となる桂米朝は、いわゆる四天王の内もっとも遅い1947（昭和22）年の入門である。東京の学校に進学すると、昭和の天才また大奇人としても知られる演芸評論家・正岡容（まさおか・いるる）に弟子入りし、当初は演芸評論家を志していた。故郷姫路に戻ったのちもアマチュアとして演芸会などを催していた。

小佐田　このころようやく、後の四天王のうち3人、六代目松鶴（当時は光鶴）、三代目春團治（当時は小春）、五代目文枝（当時はあやめ）という人たちが入門してきました。米朝師匠はといえば、叔父さん（★1）に「おまえは生活設計がなってない」と怒られて、郵便局に務めさせられていたらしいですわ（笑）。それでもだんだんと、「落語とは珍しいなあ、懐かしいなあ」ということでお客さんが増えてきて、「上方趣味大阪落語の会」を開いたところ、四ツ橋文楽座の会が満員

★1　米朝の亡父の弟。

小佐田定雄
おさだ さだお

1952年生まれ。大阪府出身。落語作家。1977年、桂枝雀に提供した新作落語『幽霊の辻』執筆を手はじめに、落語新作や改作、滅んでいた噺の復活、江戸落語の上方化などを手がける。現在は狂言、文楽、歌舞伎、講談、浪曲の台本、上方落語のCD・DVDの解説文も執筆している。著書に『新作らくごの舞台裏』『上方らくごの舞台裏』『米朝らくごの舞台裏』(すべてちくま新書)など。2021年、第42回「松尾芸能賞優秀賞」を受賞。2023年現在、桂文珍とともにABCラジオ「文珍・小佐田 夜のひだまり」(月曜21時15分〜21時45分)に出演中。

になった。そこで、「これええがな」という落語中心の寄席を始めた。これが戎橋松竹（★2）ということになって松竹が戎橋松竹（★2）という落語中心の寄席を始めた。これが1947（昭和22）年のことです。米朝師匠の入門もこの頃やね。ところがね、その前後でエラい噺家が次々に亡くなっていくんです。1950年に五代目松鶴師匠、翌年に二代目立花家花橘師匠と、四代目の米團治師匠…米朝師匠の師匠ですね。この方らがみんな亡くならはってしまう。

ABCラジオが放送を開始したのはそのような折、1951年（昭和26年）11月11日のこと。NHKの演芸番組は放映されていたものの、番組自体が少ない上、漫才や名人・広沢虎造を擁する浪曲といった他の大衆演芸に押され、上方落語はまさに風前の灯火だった。そんな逆風のなか、ABCラジオは開局した

★2　通称“えびしょう”。1957年閉館。現在は近鉄大阪難波駅になっている。向かいには二代目桂春團治の“幻の女房”が経営する髪結いがあった。

同年の11月14日、開局3日目にして「春團治十三夜」（★3）を放送する。

吉弥　「春團治十三夜」は音源が残ってるんですよね。

小佐田　残ってる残ってる。東西関係なく、落語としてライブ盤で録音が残ってる、いちばん古い音源はこの「春團治十三夜」です。逆説的な言い方になりますけど、このときはっきりしたのは、上方で皆が知ってる噺家さんは二代目春團治師匠しかいてなかったということです。まだ若手も育ってへんし、五代目（松鶴）も亡くなってるしということで、春團治師匠にお願いして、なんとか上方落語を残そうと、朝日放送はやってくれた。ほんでその年が終わって、次の年の1月に「上方落語をきく会」の母体となる会が始まるんですね。これは謎の会なんです、資料がない。関西学院大学古典芸能研究部が出した『こてん』という本にしか載ってない。そのあとにね、即席小咄を作る番組を朝日放送がやってくれた。お題を出してもろてすぐ作らなあかんような、そんな番組や、『落語劇場』いうて、二代目春團治師匠を中心に落語をコントやドラマみたいに仕立てたものをやって、細ぼそと食いつないでいたんですけども、その春團治師匠もその翌年、1953（昭和28）年に亡くなってしまうんです。

のちに〝笑いのＡＢＣ〟と異名をとる朝日放送は「春團治十三夜」にとどまらず、開局当初から演芸番組を積極的に発信した。桂米朝にとって朝日放送で初めてのレギュラーとなったのは昭和29（1954）年の「ビールアワー・ほろよい劇場」。司会に漫才の浮世亭歌楽を迎え、聴取

★3　放送のワンクール13回を宇多天皇の故事に由来する十三夜の月見になぞらえた。

桂 吉弥
かつら きちや

1971年生まれ。大阪府出身。落語家。神戸大学では落語研究会に所属。当初は教員を目指していたが、教育実習を経て本格的に落語家を志す。1994年11月、桂吉朝に弟子入り。米朝の自宅で内弟子として住み込み修行をする。2008年、文化庁芸術祭新人賞を受賞。NHK大河ドラマ「新撰組!」や、同局の連続テレビ小説「ちりとてちん」に出演し、知名度は全国区に。2023年現在、「征平・吉弥の土曜も全開!!」(土曜10時〜12時)、「きっちり!まったり!桂吉弥です」(金曜9時〜12時)に出演中。

者が参加して芝居とトンチを競うという趣向だった。米朝は森光子らとともに審査員として出演した。

上方落語〝消滅〟の危機と若手の奔走

1953(昭和28)年2月25日、二代目春團治が世を去る。享年58。朝日新聞は追悼文として「これで大阪落語ともおさらばとなった。あっけない往生となった春團治のことではなく、大阪の落語のあっけない一巻の終わりとなった……」といささか感傷的な追悼記事を掲載している。

小佐田　松鶴師匠とか米朝師匠は「わしらは居てるのに『一巻の終わり』て。どないやねん」と憤慨してはったらしい(笑)。ただまあ言われても仕方なくて、一番長生きした文團治師匠はそのとき74歳、福松師匠が68歳で、圓都師匠が69歳。ほんで、次の上方落語協会の会長になった三代目染丸師匠がまだ46歳。いまのあんたより下でしょ。

吉弥　そうですね。

小佐田　松鶴師匠が当時35歳で、米朝師匠が28歳。春團治師匠と文枝師匠が23歳やったかな、まず「滅んだ」と言われてもしゃあないと思うわ。人が少ない上に、ネタまで滅んでしまう恐れがあった。

落語家の〝ネタ〟の習得においては、その演目を高座にかけている噺家から直接稽古をつけてもらうことが肝要だ。むろん、高価な録音機材を庶民が手に入れるなど不可能に近かった当時のことである。若手落語家たちは存命の落語家の元を訪れ、滅びかけているネタ集めに奔走する。

小佐田　生きてる人から聞かなあかんからね。だから、春團治師匠と文枝師匠が、花橘師匠のところへ行くねんけども、すごくわかりやすい、ウケる同じ噺を習うてくんねんて。松鶴師匠は「あの人（花橘）らもう死ぬで。違う噺習うてこい」って言い含めて。

吉弥　「おんなじ噺を稽古に行くな」言うてね。その人死んだらみんななくなってまうんで、「おまえ何行く？」って相談して、「それ行くんやったら、俺違うのにするわ」ってそれぞれ別の噺を稽古つけてもらいに行ったんです。

小佐田　しかも、一門を越えて、いわば〝スクランブル〟してたんですよ。つまり、実際の師匠よりも、よその師匠に教わった噺が多かったりもする。米朝師匠はほんまあっちこっち行って、圓都師匠、花橘師匠、福松師匠とか入れて、五代目（松鶴）のとこも行って、ネタを集めてる。そしてこのときに、ネタを覚えるだけやなしに、少しずつ〝時代〟を合わせていったんです。

〝時代を合わせる〟とは、演じられる時代の雰囲気・言葉遣いに合わせて、噺に注釈を入れる演出である。若き日に東京で演芸批評家をめざし、寄席に通い詰めていた米朝こそ、この骨が折れる仕事にうってつけの人物だった。

小佐田　聞いたまんまやってたのでは、お客さんの理解が及ばないんです。たとえば「けんげしゃ茶屋」（★4）という噺がありますけど、以前は「おまえけんげしゃやな」「そうやなあ」で済んでたんですよ。ところが、これが伝わらない。「けんげしゃ…御幣担ぎ…ゲン担ぎやろ」と、こない言わんとわからへん。完全に言い換えたりしてしまうとあかんねん、と。だから「けんげしゃ…ゲン担いでるやろ」と同じ言葉を並べるんです。そしたら「ああ、そういう意味か」とわかる。若い人も〝けんげしゃ〟いう言葉を覚えることができますからね。

「上方落語をきく会」はじまる

1955（昭和30）年12月1日、初めての「上方落語をきく会」が大阪高麗橋・三越劇場で催

★4　花街、廓が舞台の噺。きわどい冗談が好きな旦那と幇間（たいこもち）が新年早々、なじみの茶屋に出かけて縁起の悪いいたずらをつぎつぎと仕掛ける。

された。のちに「てなもんや三度笠」を手掛け、大阪から全国に笑いの大旋風を巻き起こした朝日放送の新入社員、澤田隆治による企画だ。澤田は当時まだ花形とは言い難かった演芸担当を志望した。周囲の好奇の目をものともせず、寄席・戎橋松竹へ通いはじめてすぐに上方落語の危機を感じ取る。入社当年、上司である松本昇三に提出した「上方落語をきく会」の企画書には「上方落語は（…）東京落語に押され、又、関西においては漫才の興隆のために（…）その影を薄めつつあり（…）」と記されている。澤田には思惑があった。当時、すでに〝戎橋松竹〟派と〝宝塚若手落語会〟に分かれ、交流が絶たれていた二派を競演させること。企画書が採用され、公開録音とすることで、落語家とラジオ放送が歩調を合わせて未来へと邁進する端緒が産まれた。

小佐田　「上方落語をきく会」が始まって、米朝師匠は「ホッとした」ってはっきりとおっしゃってましたな。暮らしも楽になるし、落語もわかってもらえるし。そこから毎年開催されるようになったけど、初めのうちはそれこそ、ほとんどのお客さんが落語を知ってる人、古くからの落語ファンばかりやったようやね。

米朝は1958（昭和33）年から、枝鶴（のちの六代目松鶴）とともに朝日放送と準専属契約を結んだ。東京で先例があったものの、桂文楽・三遊亭圓生（ラジオ東京）、古今亭志ん生（ニッポン放送）といった名うてのベテランばかりだったというから、まだ年若い米朝、枝鶴との契約はかなり画期的な試みだった。

小佐田　朝日放送の専属になったんは、ちょうどOTVの「道頓堀アワー」（★5）が始まったころやね。プロデューサーの松本昇三さんに頼まれたらしい。米朝師匠は「六代目（松鶴・当時は枝鶴）が勝手に決めてきた」ってボヤいてはりました（笑）。

吉弥　ああそうでっか（笑）。

小佐田　「わしを巻き込むな」言うて（笑）。六代目もお金が欲しかったんやろうね、まだまだ落語で食うていける時代ではなかったから。

吉弥　そうそうそう、言うてはりましたよ。かしまし（娘）さんとか、森光っちゃん（森光子）も、とか言うてはった。NHKは別で、民放の出演はABCだけっていう契約ですね。

小佐田　米朝師匠はラジオではディスクジョッキーをやってはるんですよ。構成から喋りまでぜんぶ自分でやってはった。ほんで「局は構成料くれへんかった」って文句言ってはったなあ（笑）。

吉弥　文句も言いたなるでしょうなあ（笑）。芸人やからいっぺんで済むと思ってはんのやろなって。

小佐田　米朝師匠にとって、ラジオはやりやすかったと思うんですよ。テレビはやっぱり動かなあかんところがあって、テレビも関テレの「ハイ！土曜日です」（★6）とかの情報番組をやってはったけど、メディアとしてのラジオをよう知ってはったし、テレビは画像が映るから、落語の場合はどうしても画面がパッと変わったりするから「夢から覚めるんや」と。

毎日放送の「なんでもかけましょう」では、リクエストはがきを読みながら番組をすすめる、

★5　道頓堀にかつて存在した劇場の中座・角座を交互に舞台中継したテレビ演芸番組。この番組の視聴者から漫才師や噺家が現れるほど幅広い人気を得た。OTVはABCテレビの源流となる大阪テレビ放送のこと。

★6　1966年〜1982年に生放送された、関西テレビ制作の朝のテレビワイドショー番組。米朝がメイン司会。桑原征平がサブ司会を務めた。

というスタイルを米朝が先駆者として始めている。これら若手落語家たちによる、自身と上方落語の生存をかけた先鋭的な取り組みが功を奏し、落語を知らなかった若いラジオリスナーに落語の魅力が少しずつ浸透していった。

小佐田　米朝師匠と小松左京先生がラジオ大阪で深夜にやってはった「題名のない番組」（1964年〜1969年）っていう番組があったんですが、私もその番組にハガキをよく出してましたよ（★7）。勉強してるフリしてね。普通は作家と噺家が組んだら噺家がアホなこと言うて、作家が「何言うてんねん」ってツッコむでしょ？　逆やねん（笑）。小松先生がヘンなことを言うんですよ。それに米朝師匠が小気味ようツッコんでいくんですわ。当時の高校生はかなりの割合で投稿してたんやないかなあ。

桂米朝がSF作家小松左京らとともに放送した通称「題なし」は、ある種の〝知的サロン〟といった趣向から、時間帯とも相まって進学校に通う関西の中高生に絶大な人気を誇った。意味深なペンネームや、リスナーと放送局間の交流というラジオのスタンダードは、「題なし」が源流のひとつとなっている。

さらに、若者の認知が広がるにつれて、有望な若手落語家が入門しはじめた。1958（昭和33）年、米朝門下に米紫と小米朝（のちの月亭可朝）が入門。1961（昭和36）年の4月には、枝鶴（六代目松鶴）のもとに笑福亭仁鶴が、加えて米朝門下には、のちに枝雀となる小米が同じ

★7　小佐田の投稿による採用ネタに「大文字焼きの右肩で焚火をすれば犬文字焼きになって面白い」がある。

月に入門する。また翌年には春團治に桂春蝶が、半年後には朝丸（のちの二代目ざこば）が米朝のもとへと、のちの上方落語を支える人材がこの時期に雪崩を打って門をくぐった。そうして迎えた1965（昭和40）年、上方落語界隆盛の陣太鼓を叩く〝現象〟が発生する。「オーサカ・オールナイト夜明けまでご一緒に」（ラジオ大阪）と、続くABCラジオ「仁鶴頭のマッサージ」に出演したラジオDJ・笑福亭仁鶴の大ブレイクである。

ラジオスター・笑福亭仁鶴の誕生

小佐田　深夜ラジオっていうのはね、基本的に〝オトナの時間〟やったんですよ。仁鶴師匠が登場する前まではね。そこへディレクターが「この夜中の枠で好きなことをやれ」と言うたもんであの声で「どんなんかなー」って始まったから、初めて聴いた人はびっくりした。ものすごく速い大阪弁でハガキを読み飛ばすんです。それで学生リスナーが集ってきて、「なんやわからんけど、夜中聴いてみ。ひとりでヘンなオッサンが喋りまくってんで」と大変な噂を呼んだ。仁鶴師匠はね、ハガキを一切噛まんと読むんですわ、どうやって練習したんか知らんけど、テンポをものすごい大事にしてはった。「えー」とか「あー」とかは一切入れない。

「仁鶴頭のマッサージ」は「ABCヤングリクエスト」に内包された収録番組で、月〜日曜の週

7日、深夜24時～の10分弱放送されていた。「にかーくさーん」「はーい！ お疲れさんでございます！」とごく陽気に始まるこの番組では、あるお題（例えば新漢字を発明する「珍漢和辞典」やエロ小咄など）に基づき、おもに学生のリスナーが大喜利形式で回答を投稿する。そこから選ばれた秀逸なネタを、仁鶴がまさに息もつかせぬ圧倒的なスピードで読み倒していくという斬新な構えだった。従来のラジオの常識である、〈局が用意した脚本に基づいた番組づくり〉から、〈送られてくるハガキ〃のみ〃で番組を構成する〉という発想の転換であり、いわゆる〃ハガキ職人〃文化の走りでもある。

さらに、「ヤンリク」内には、25時30分ころから始まる「ミッドナイト寄席」というコーナーも存在した。おもに昼に放送された「東西お笑い劇場」が再放送されていたが、週5放送の「東西お笑い劇場」を充てれば2日分空いてしまう。ここに若手スタッフ陣が実験的放送を試みる余地が生まれ、「上方落語をきく会」で演じられた松鶴の1時間弱の大ネタ「らくだ」をまるまる放り込むといった、実験的な演出が果敢に試されることとなった。この遊び心は、深夜放送リスナー世代を中心とした上方落語ブームの孵卵器となっていく。

小佐田　落語をそこで毎日聞くわけ。深夜に勉強しながら、「仁鶴頭のマッサージ」を聴いたあとに「ミッドナイト寄席」で落語を聞くという最悪のパターンですよ（笑）。もうズブッズブと落語漬けにならなしゃあない。そのころの関西の学生っていうのは落語を知らなかったから、かえって『古臭い』とか、そういう先入観がなかったんやね。

上方落語ブームの到来

１９７１（昭和46）年より高島屋・ローズホールに場所を移した「上方落語をきく会」はチケット制ではなく、会場に直接並ぶ先着順方式だった。開催を聞きつけた無聊をかこつ学生たちは、会場の階段に開場の数時間前から長い列をなしたという。

小佐田　そりゃもう壮観でした。無料招待やったからね。７階やったかな、会場の前から階段を下までズルズルズルーっと並ぶんです。学生はヒマやから。その時間勉強せえっていうの（笑）。ほんで落語を３時間たっぷり聞いて帰ってくる。もうくたくたです（笑）。

さらに同じ昭和46年には、いまも語り継がれる伝説のイベント「１０８０分落語会」が開催された。ＡＢＣ創立20周年の〝20〟と、出力を50キロワットに増力したことを表す〝50〟（★８）、それに当時の周波数１０１０キロヘルツの〝１０１０〟を足して１０８０分、というわけである。企画の相談を持ちかけられた当時の上方落語協会会長・六代目松鶴は「あんた、アホちゃいますか」と言いながらも前向きな姿勢を匂わせ、さらに米朝も「（落語家）ぜんぶが出演するんならできんこともおまへん」と冷静にゴーサインを出した。

★８　前年の11月、堺から高石に送信所を移転していた。増力の結果サービスエリアが11パーセント広がり、外国電波との混信や難聴取が緩和された。

小佐田 「オールナイトライブ枝雀」（後述）とかもそうやけど、ときどき朝日放送はムチャしますからな（笑）。午前7時から翌朝の午前1時まで18時間ぜんぶ落語、っていうものすごいことをやった。橘ノ圓都師匠がそのとき88歳で一番年上、四天王が加わって、松鶴師匠が53歳、米朝師匠が46歳、春團治師匠と小文枝師匠（五代目文枝）が同じ41歳やから、脂ものってますわ。そこへ来て仁鶴（34歳）、小米（枝雀、32歳）、春蝶（30歳）、朝丸（ざこば、24歳）、小染（24歳）、三枝（六代文枝、28歳）というメンバーやからね。仁鶴師匠が火をつけた上方落語ブーム真っ最中ですからな、徹夜組まで出るほどの人気でした。

総勢51名で計56席を口演した「１０８０分落語会」は、入場無料・整理券なし・入れ替えなしの落語版ウッドストックといった様相で、ロビーにはパン・おにぎり・カップ麺などの軽食サービスも用意されていた。定員６００名のＡＢＣホールを終始超満員で埋めつくし、観客はのべ２０００人を超えたというから、熱狂のほどが伺える。

小佐田 このころの上方落語ブームいうのは、当時の大学生が洋楽やジャズを聞く感覚で落語にハマって行ったいう面もあるんですわ。ちょうど１９７０年前後に京都の方で関西フォークや関西ブルース、リズムアンドブルースのブームがあって、そこのファン層とも重なってる。鶴瓶さんも関西フォーク出身（★9）の人やしな。落語もフォークも言葉を聞いて、これええなって感じる想像力が要る。ちょっと頭を使う〝新しいゲーム〟みたいな感覚やったんかもしれんな。

★9 京都産業大学時代、清水国明、原田伸郎、後の鶴瓶の妻となる女性とともにフォークグループ・あのねのねを結成。鶴瓶と原田は落語研究会に所属していた。

漫才ブームのころ上方の落語家は？

吉弥　そういえば僕も、時代はちょっと後になりますけど、鶴光さん、鶴瓶さん、べかこさん、文珍さん……よう考えたら落語家さんやけど、「笑福亭」とか変わった名前やな、くらいに思てて。鶴瓶さんがテレビでやってはった「突然ガバチョ」（ＭＢＳ）で松鶴さんを「師匠や」って紹介しはった。そんで鶴瓶さんの弟子の笑瓶さんも出てきて、「落語家の師匠と弟子ってこんなんなんや…」と思った記憶があります。さんまさんもそうですね。そう言えば僕、「ヤンタン」に電話で出たことあるんですよ。

小佐田　電話してはったんや。やっぱ喋る人は違うなあ…俺は書くしかようやらなんだわ（笑）。

吉弥　ほんで80年代の〝漫才ブーム〟があってね。「ヤングタウン」では、さんまさん、鶴光さん、鶴瓶さんが出てはった。だから存在としては〝落語家〟というより〝お笑いの人〟として捉えてましたね。ただときどき、たとえば島田紳助さんが、ＫＢＳ京都の「ハイヤングＫＹＯＴＯ」なんか聴いてると、トークの合間に「俺ももっとテレビのレギュラー欲しいわー、打倒！森乃福郎！（★10）」とか言うわけですよ。当時の森乃福郎さんってスーツ着てかっこよくて、テレビの「競馬中継」とかの司会とかでごっつ人気があった。でも、落語家であるとは認識してない。「オールナイトニッポン」でも、たけしさんが高田文夫先生とか若手と喋ってて「それお前、枝雀さんのネタじゃねえかよ」とかっていうのを聴いて「え、何？　しじゃく？　誰？」っていうのだった

★10　森乃福郎（もりのふくろう）は高校卒業後三代目笑福亭福松に入門、笑福亭福郎を名乗った。1961年、藤山寛美の命名で森乃福郎に改名。端正な顔立ちから「日本のアラン・ドロン、森乃福郎」を自称し、落語家タレントの草分け的存在に。1998年没。

り、随所にどこかで刷り込まれてる。だから、漫才ブームで人気の人たちが、ラジオでちょっと前の、僕らの体験していない上方落語ブームのことを言うから、その影響力をぼんやりとは知ってる、くらいの感じでした。

桂吉弥は1990年神戸大学教育学部に進学し、そこで初めて〝落語〟という存在を意識するようになる。それまでは、ラジオで落語が流れていても耳を傾けることすらなかったという。

吉弥　落語研究会の人が高座やってんのを見て、「へー」って思って。「先輩がやってんの面白いですね！」「ほな部室においで」みたいなやりとりがあって、部室に言ったら「オールナイトライブ枝雀～春はあけぼのの6日間～」のポスターが貼ってありました。そのポスターを見て「なんですかこれ？」って聞いたら、枝雀師匠が6日間連続でオールナイトの落語会をやったんやと。しかも僕の1個先輩が全日行ってて、最終日に「ぜんぶ来られた方、舞台に上がってください」と言われて、「師匠の浴衣の生地もらったんや」って自慢してました。

小佐田　俺もぜんぶの日に行ったで。仕事やったけどね（笑）。23時から始まって、6時間近くやってたかなあ。

吉弥　そんな話を先輩に聞いたり、部室にある仁鶴さんのテープを借りたりして、まんまと落研に入るんですけど（笑）。学生やから、サンケイホールの米朝師匠の会なんかは値段高いから、ＡＢＣの「上方落語をきく会」やったら……確かまだ無料やったと思うんやけど、ハガキを書いてね、それを見に行ったり。「サッポロビール土曜名人会」に「月亭可朝さんが落語やるみたいやで」とか言って「ほんまにやれんのかな」と思って見に行ったら「上手にやらはるなあ！」なんて（笑）。当時、月亭可朝さんが「はい！可朝ですＡＢＣ」（１９９１年10月７日〜１９９５年３月31日）って、朝の帯を〝あの〟月亭可朝がやるっていうとんでもないことやってたんですよ。

小佐田　一応ちゃんとやってはった。言うたらあかんことは言うてへんかったよ（笑）。

吉弥　でもまあそういうのを聴きながら、僕も吉朝（★11）の弟子ではありますけど、米朝師匠の運転手というか、預かりになったんで。米朝師匠についてしょっちゅうＡＢＣにも来てました。

ラジオ、音声メディアと、落語のこれから

桂吉弥は２００５年「とびだせ！夕刊探検隊」（★12）から18年間途切れることなくＡＢＣラジオにレギュラー出演し続けている。〝ミスターＡＢＣ〟と自称するにふさわしい活躍を見せる、桂吉弥の考える「ラジオと落語」の未来像とはどのようなものだろうか。

吉弥　僕がやっぱり落語を聞いて「ええなあ」と思ったり、噺家としてお客さんに聞いてほしいと思うのは、例えば古典落語やったらちょんまげ時代の長屋の話、創作やったら会社勤めのサラリーマンとか時代や舞台、背景はそれぞれで変わるんですけど、「嬉しかった」「悲しかった」「つ

★11　桂吉朝は1974年三代目桂米朝に弟子入り。才能と実力から米朝の後継者として期待を寄せられるものの、2005年胃がんのため50歳で惜しまれつつ逝去。

★12　2005年4月から2022年9月の番組終了まで担当した。

らい」「悔しい」とか、もちろん落語だから「ばかばかしい」「面白い」とか、そういう、いつの時代でも変わらない「情緒」って言うんかな。それを聞いてほしいんですけど。

コロナが始まったときに「何かしよう」と思って、ズームなんかを使って落語会をやったことがありまして。あるとき「皆さんどういう風に見てるんですか？」と尋ねたんです。僕らはやっぱり、画角とか背景とか気にしていろいろセッティングするので、いっぺん聞いておこうと。そしたら半分ぐらいの人が「一緒に落語を聞いてる人たちの顔を見てる」と。演者の顔は見てないんですわ（笑）。そこでハタと気づいたんです。ああ、つまり寄席に行かれへんから、こうやって、音声では吉弥の落語を聞きながらも、一緒に聞いてる他の観客の顔を見てるんやと。一緒に笑って、同じ感情を共有して安心したいんかもしれないって。そこで改めて、落語は〝人と人とを繋げてくれるもの〟として、ラジオや音声配信なんかと相性がいいんだな、と思ったんです。こういう時代だからこそ、いつも変わらない「情緒」を伝える、落語家が果たせる役割があるんじゃないか、と思ってます。

小佐田　人と人との距離が近いんやな。「音」だけという不自由さのお陰で、むしろ心は自由になってる。「なんにもない代わりになんでもある」っていうのが落語やから。

桂 南天（かつら なんてん）×桂 りょうば（かつら りょうば）

取材・文｜上野 準　写真｜梅田庸介

上方落語をきく会～名物企画「しごきの会」の伝説は紡がれる

開局からわずか3日目の1951年11月13日、舞台の口演そのままを収録するという落語史上初の番組「春團治十三夜」を放送した朝日放送にとって、こちらも民放初主催の落語会「上方落語をきく会」とともに歩んだ六十有余年の歴史は、とりもなおさず〝笑いのABC〟という歴史とプライドを体現している。中でも名企画「しごきの会」初回は、1972年8月23日（＝「上方落語をきく会」第47回）、桂小米、のちの枝雀を〝しごかれ役〟に抜擢し、「3席すべてネタ下ろし（初演）」かつ、師匠・先輩方の高座をはさんでプレッシャーをかけ続けるという過酷な呼び物として幕を上げた。

翌年の第2回・桂春蝶、第3回・林家小染、第4回・桂三枝……と、

ABCラジオと上方落語②

当代きっての人気噺家が挑戦を続け、若手落語家たちの活躍を大いに後押ししたが、第11回、1988（昭和63）年の桂雀々を境に休止していた。しかし、再開を願う声は年ごとに高まり、ついに2016年、「ドッキリ!ハッキリ!三代澤康司です」のパートナー・桂南天をしごかれ役に迎え、28年ぶりの再開を果たす。2021年には、桂枝雀の長男であり「桂りょうばの落語トラベル」に出演中の桂りょうばも、入門からわずか6年にして大役をみごとに務めあげた。

伝説の企画に挑んだ両名に、苦労やウラ話、その後の落語・ラジオ観の変化などをおおいに語り尽くしてもらった。

笑いと涙の落語ブートキャンプ

りょうば　言うたら「しごきの会」って復活したイベントじゃないですか？　それまで長い期間ありましたけども、出る前からご存知でした？

南天　そういう会があったっていうのは知ってました。うちの師匠（★1）も体験されてるし、初

★1　三代目桂南光。1970年、高校卒業すぐに桂枝雀に入門。「しごきの会」にはべかこ時代、1982年の第9回にしごかれ役で出演。

回は枝雀師匠だったことも知ってました。落語研究会だったんで、知識としては頭にありましたね。

りょうば　僕も「ああ、そういうのがあったんだな」くらいには。三席ネタ下ろし、若手発掘、ラジオ・落語ファンへの顔見世…という断片的な知識としてですけど。これ、今だとパワハラワードになりそうですよね（笑）。

南天　〝しごき〟という言葉がね。昔は「モーレツしごき教室」というテレビ番組もあって、むしろおもろいイメージの言葉やったような気がします。

りょうば　しごかれてる姿を見てお客さんが、笑いあり涙あり…まあスポ根ですね（笑）。スポ根ドラマの要素もあるんだろうな、と思ってましたね。

稽古の〝流儀〟

前述のとおり、「しごきの会」で噺家が下ろすネタは三席。ネタ決めはどのように行い、どのように稽古されるのだろうか。

南天　僕は自分で決めました。演ってみたいと思ってたネタを三席。

りょうば　僕もそうです。代々の出演者はどうやったんでしょうね？

南天　みんな自分で決めたんとちゃいますか？　稽古については、すでになんとなく覚えてた

桂 南天
かつら なんてん

1967年12月27日生まれ。大阪府枚方市出身。大阪芸術大学在学中は落語研究会に所属。落研の同期に笑福亭生喬がいる。大学卒業後の1991年、三代目桂べかこ（現三代目桂南光）に入門、同年8月に桂こごろうとして初高座をつとめる。2012年4月、二代目桂南天を襲名。2023年現在、「ドッキリ!ハッキリ!三代澤康司です」木曜パートナーとして出演中。

ネタがあったんで、ひとつは自分で仕上げましたね。（稽古を）付けてもろたやつは、三つのうち二つ。りょうばくんはどないしたん？　習ろたん？

りょうば　はい、付けていただきました。南天師匠クラスだと自分で勝手に覚えてというのも可能なんですけど、僕はまだまだ若手というか、そのまあ自信がない（笑）。基本的に、ネタは先輩・師匠方から「付けていただくもん」なので。あと、もうひとつルールがありまして。これ、南天師匠に伺いたいんですけど、ある師匠からネタを付けていただくとして、当然一回で仕上がることとなんかないわけです。何回も何回も稽古に行って、師匠が「もうやっていいよ」という許可を出さはったら自分で演っていい、となるんですけど、こういう決まりは、南天師匠のところはあります？　覚えるのは一度に一つ、みたいな。

南天　んー、それはないんちゃいますか？　やりたけりゃ二ついっぺんに習いに行ってもかまへんと思う。うちとこで言えば、途中で来えへんようになった子もいてますからね。その子はもう他のネタをやってます（笑）。まあ自由でしょ、ルールがあったとしても罰はないから。心象が悪くなるだけ。

りょうば　断りがあればいいんですかね。「私にはちょっと早いネタでした」とか。

南天　ありゃあええんですけどね（笑）。

りょうば　ないんですか⁉（笑）

南天　ないね（笑）。僕が甘いからかなあ。わからへんけど。いままで2人くらいおるよ。僕もしばらく忘れてて、あれ？ そういえばあいつ途中まで来てたよな、って（笑）。もちろん、そのネタを演ることは許されないですよ。それはあきませんけど、まあ好きなようにしたらよろしいわ（笑）。

りょうば　僕は、ひとつ許可をもらってから次、っていうふうに考えていました。

南天　そらしんどい。「俺んとこ来たら、いつまでかかるかわからへんで」という師匠もいてはるからね。なかなか大変やね。

りょうば　演りたい噺っていうことは、以前に聞いてるはずなので、ぼんやりとは覚えてはいるんですけども、例えば覚えにくいセリフがあったりだとか、言い回しが難しかったりとかしますからね。

南天　そうそう。習う時に難しいのは、その人の〝口調〟が合わないことがあるんです。その噺は好きなんやけど、いざやってみると、その師匠の口調が全然入ってこないことも多々ある。

りょうば　「語尾をこういう言い方でちゃんと言うてくれ」みたいな指導も結構ありますね。早口言葉やないですけど、言いにくい言葉というのがあって。聞くのと喋るのとではまったく違いますからね。頭の中ではもう寝ながらでもできると思っていても、口で喋ったらまったくできないこともある。…南天師匠はどう覚えてはりますか？

南天　僕はぜんぶ文字に起こしますね。〝でんがな・まんがな〟〝てにをは〟までぜんぶ起こして、まずはその通りに覚えるんです。それが難しいんですよ。普段の僕が使うものとは違う単語、例えば助詞ですね。『です』にしても、『でんな』にするのか『でんがな』にするのか。それぞれ体に染み付いているものがあるので、それが合わない場合はすごく苦労する。そうしてぜんぶ覚えて、あとはもう高座にかけているうちに勝手に変わっていくんです。

りょうば　師匠のころは、三遍稽古の方が主流でしたか？

南天　うちの師匠は口移しでした。最初はね。ちゃいますか？

りょうば　うち、ざこば（★2）一門なんで（笑）。

南天　わかば兄さん（★3）のころなんかはちゃんと付けてもろてたんちゃうかなあ。

りょうば　あの時代まではですかね。師匠がまず「ここまで喋るから聞いて」と、それを3回連続で言うてくれる。その間に覚えていく、というのが三遍稽古なんです。今でこそ録音できるものがありますけど、昔は口移しですから。三遍稽古以外にはなかったですよね。

南天　今も録音していいかどうかは師匠によりますね。

りょうば　師匠は三遍稽古で教えはったことあります？

★2　二代目桂ざこば。1963年、桂米朝に入門。「しごきの会」には朝丸時代に、第4回しごかれ役で出演。

★3　桂わかば。1989年、桂ざこばに入門。

桂 りょうば

かつら りょうば

1972年3月3日生まれ。兵庫県伊丹市出身。二代目桂枝雀の長男。1995年からプロのミュージシャン（ドラマー）として活動。2015年、二代目桂ざこばに入門。翌年1月、動楽亭・昼席で初舞台を踏む。8月には年季明けし、噺家として本格的に活動を開始。ABCラジオでは「桂りょうばの落語トラベル」（月曜19時～19時30分）に出演中。

南天　今でも稽古に来たら口移しで教えてますよ。僕が眼の前で3回やるんです。それで「やってごらん」言うて。で、ここはこう違う、違う言葉で、と直していく。僕はそうやって教えてますけどね。まあ録音してる子もおるんかな…録音禁止とは言ってないからね。

りょうば　三遍稽古って習う方もそら大変ですけど、教えはる方も大変じゃないかなと思うんです。

南天　大変ですね。テープでやってもええんですけど、その場合テープの通りには絶対覚えてこないですね。自分の口調で覚えて来るんです。当然、聞いたことある噺やから、自分の中である程度できてるんですよ。自分の中ですでに作っちゃってるから、習いに来てるんじゃなくて、ハンコをもらいに来てる感じになってしまう。それで僕、テープをやめたんです。テープを使って覚えたなら、僕から習うたと言うてほしくないなって思いがあるんです。教えたいことが伝わらないと言うんかね。とはいえ、センスある子はテープでもいいと思うんです。これはもう、一概には言えない。

りょうば　テープのほうが楽は楽だと思うんです。一回やるからそれ録って覚えてきてねって言わはると、稽古時間も短いですし、合理的な部分もありますよね。

南天　まぁまずは自分の好きな落語家の完コピを目指すと。それはもう人間ですから100パーセントは絶対にできない。その違いがいわゆる、世間の人が言うてはる〝味〟になるんじゃないですか？　そら、完コピできたらすごいですよね。めちゃめちゃウケてる落語家の面白い落語を100パーセント表現できりゃええわけですから。だから「俺が以前にどっかの放送局でやったやつあるから覚えといて」と言うて、演らせてみて、それでオッケーっていうこともあります。

りょうば　それ、うちの師匠タイプですね。

バランスと、見果てぬ憧れと

桂南天は「秘伝書（★4）」「たちぎれ線香（★5）」「火焔太鼓（★6）」を、桂りょうばは「普請ほめ（★7）」「遊山船（★8）」「天神山（★9）」をそれぞれ披露した。「しごきの会」のネタ選びに際して2人が考えたこととは？

南天　僕は〝バランス〟ですね。会全体のバランスが良くなるように3本選びました。ひとつめ

★4　東京落語で「夜店風景」と称される演目。夜店で売っている怪しげな生活のウラ技が記された本を買う男の噺。

★5　うぶな若旦那がミナミの芸者・小糸に入れあげるところから始まる。米朝師いわく「上方落語で最も偶像化された噺」。

★6　古今亭志ん生の代名詞とも言われる江戸由来の落語。元は古道具屋と武士によるストーリーだが、南光と小佐田定雄が仕立てた上方版では、武士が住友のだんさんにアレンジされている。

は短めに。次はスジで楽しめるネタ。最後は思いっきり笑えるネタ。とにかくわかりやすい、誰でもわかる短い面白い話で始めといて、安心してもろた時に人情話というか、『たちぎれ』みたいな余韻のある話をやっといて、トリは思いっきり面白い話にしようと。

りょうば　僕は、父が第一回目の「しごきの会」に出てたので、というか、僕が選ばれたのは〝枝雀の息子〟という理由だけやと思てますので（笑）。もちろん、それが悪いってことやなしに、僕がプロデューサーだったとしても「親子で出たら面白いわ」となるので。だから、こういう機会やからこそ演ろうと真っ先に思ったネタが「天神山」です。これは「しごきの会」がなかったら、僕は一生演ってなかったと思います。枝雀師匠が得意とされてはりましたし、僕自身もすごい好きなんですよ。うちの（ざこば）師匠も「しごきの会」で「天神山」を演ってはるんですね。縁というか、これはやってみたいなと。

で、「遊山船」ですけど、うちの師匠の得意ネタはいっぱいありますけども、その中で師匠らしい、賑やかやなあっていうのは「遊山船」ですよね。師匠に憧れて「師匠みたいになりたい」と思ってこの世界に入って、稽古でネタを付けていただいて、自分でも演るんですけども、途中で気づくんです。「なられへんわ」と。あんな風には演られへん、と気づく。だから「遊山船」をやってみて、「こら敵わんな」と思い知らされました。「普請ほめ」はいわゆる前座ネタですけど、これは分かりやすい〝仕込み噺〟というかね、僕もそこはバランスを考えて、これを最初に持ってきました。

★7
怠け者で抜けた男（東京噺でいう与太郎）に、兄貴分の男が“儲け話”として池田の叔父貴の立派な家を褒める方法を細かく教える。

★8
裏長屋住まいの若衆2人が浪花橋に夕涼みに出かける噺。屋形船、酒宴の風景が描かれ、2人のボケツッコミが味わえる。

★9
「天神山」は幽霊と狐の女房が登場する、上方落語の切りネタ（大ネタ）。

失敗しても、それはそれで面白い

りょうば　師匠は（『しごきの会』の）舞台に出はる前、緊張されました？

南天　そらあ緊張しますよ。ただね、妙な話やけど、僕は「できなくてもおもろい」と思ってた。「スミマセン、ネタが出てきませんでした。スミマセン‼」って生放送でブワーっと号泣してても、これは最高やなと思ったんです。だけど、能力的に（失敗せず）できちゃった（笑）。

りょうば　確かに「しごきの会」ですから、それも全然ありやと思います。

南天　昔の「しごきの会」って生放送じゃなかったし、ほんまは初披露でもなかったんじゃないかなとも思うんです。昔の人はＳＮＳとかないから、よそで先に演っていてもまずバレないですよね。いまは誰かに呟かれたら企画として終わりやからそれもできへん。そういう意味では、演出として、ビビってる顔はしてたけど、どこかで「これ、失敗してもおもろいな」と思ってた。「南天は上手いことできるんか？」ってみんなが言うてるときに、中盤あたりでピタッと止まって「あかん！　忘れてもた！　スミマセン！」ってやるほうが、なんちゅうか「こいつ！　やってしまいよったで！」って喜ぶんやないかと（笑）。

りょうば　めちゃめちゃおもろいですね（笑）。

南天　僕ね、覚えてるんです。まだ素人のころですけど、ＡＢＣの新人お笑いコンクールで噺家の先輩が出てはったんですよ。新作落語で。途中でネタが出てけえへんようになったんですわ。

コンクールでっせ？　時間が決まってる中で、ぴたっと止まった。会場がシーンとなってもうて。そしたら司会の当時の三枝師匠が出て来はって「ちょっと待った待った！　もういっぺんやらしたって！」みたいな感じになって、会場も「おお〜（拍手）」って。これはこれで、賞を取らんでも、この噺家のことをなんか好きになる人はおるやろなと。芸人としてもそれはさして悪いことじゃない。次に一生懸命やったらええんやから。そやから、「しごきの会」のプレッシャーは感じてはいるんですけど、どっかで「行け行け！」という気持ちがありましたね。どう言うたらいいのかな？　そもそもネタ下ろしなので、そこが頂点なわけは絶対ない。完全な芸を作るというよりも…、もちろん落語会として楽しんでもらうのとは別に、もうひとつ、「僕」という落語家のことを楽しんでもらおう、そんなつもりでいましたね。

りょうば　僕の場合は、当日に1席目「普請ほめ」をやりまして、めちゃめちゃウケたんですよ。「やったー！」思て。でも、次の「遊山船」がね、気持ちええくらいスベった（笑）。

南天　しごきの会で？

りょうば　ええ。びっくりするくらい（笑）。

南天　そう。覚えてないわ。ほな、それ聴けてないんや。

りょうば　それはよかったです（笑）。

南天　むしろ聴きたかった（笑）。

〝新生〟しごきの会は、モノがちがう

南天　「しごきの会」は落語界でこれから羽ばたいていく人たちが出演してきた歴史ある会ってことは、まあ知ってました。でも、たぶんABCはね、以前の「しごきの会」では、すでに当時ちょっと売れていた人を選んだんだと思うんです。「ははーん、これABCの当時のどなたかが、ちょっと来てるなっていう噺家をうまいこと選んではるな」というイメージ（笑）。やっぱり番組ですからね。だから新しい「しごきの会」の条件を知った時、そら驚きました。前はもっと小さいホールでしたよね。生放送でもないし300〜400人ですかね？　でも、今度の「しごきの会」の会場はシアタードラマシティで、キャパは800〜900人。大きいですよ！　そこへ来て生放送、おまけに入場料5千円。これ、モノが違うでしょ？　歴史の上の「しごきの会」に対するリスペクトはもちろんあったけれども、もうねえ…復活の一発目で僕に言うてくれるんですか⁉って。ええ時にABCにレギュラーを持ってたなあって（笑）。

もともと「歌謡大全集」（★10）をやらせてもらってて、その御縁もあって「ドキハキ」に出させてもろて3年目ぐらい。「上方落語をきく会」に出始めたんがそのちょっと前の2012年か。吉弥くんでも良かったんやろうけど、もう全国的に売れてたから、しごいてもしゃあないやないですか。「丁度ええ！　確かに僕しかおらん！」って（笑）。ワックワクしましたね。「演らしてください！　やりたいやりたい」って。うちの師匠なんかはめちゃめちゃ心配して、「お前大丈夫

★10　1975年〜2011年放送されていたナイターオフの音楽リクエスト番組。桂南天はこごろう時代の2009〜2010年度の金曜パーソナリティとして故・牧野エミとともに出演。

か？　そんなん引き受けて」と言うてはった。師匠には「大丈夫かどうかわからんけど、演ってみたいんです」って真顔で言ってましたけど、お腹のなかでは、さっき言ったみたいに、これはお話いただいた時点で大成功。うまいことといっても成功やし、あかんかっても成功やと。これに桂南天が一発目で出られるんやで。めちゃめちゃ嬉しいというか、燃えたというか、ノッたというか。なんべんも言いますけど、三席ネタ下ろし、800人、5千円、生放送、これがぜんぶついてくる。こんなん引っくるめて演った噺家っていままで何人いますか？ 日本初やないですか？ 最高ですよね。

戸谷P（★11）　ちょっと補足させてもらうと、「しごきの会」が始まった上方落語界の状況って、テレビ・ラジオで〝タレント〟として落語家さんが急速に知名度が上がっていった時期だったんです。そこで、タレントとして売れてる噺家さんに、本業である落語も一生懸命やってもらって、お客さ

★11　戸谷公一。「上方落語をきく会」をプロデュースする。

んにも注目してほしい、っていうことで『〝落語の〟しごきの会』なんです。

南天　なるほど！ それで売れてんねや！ おかしいなあ思ったんや（笑）。

戸谷Ｐ　いったん休止した『しごきの会』を復活したいな、となったときに、落語界の層もすごく厚くなってるし、メディアに出ることも当たり前、しかも当時と違って動画サイトも含め、ラジオ以外にもいろんなメディアがたくさんあるという現状で、中堅どころの人たちにひとつ上のステージを用意できたら、という思いがあったんです。

南天　たしかにね、「上が詰まってる」とよく言うけども、これ詰まってるんじゃなくて伸びてないだけなんです。自分でも思うけど（笑）。だからありがたかったですよ。めちゃめちゃ嬉しくて。天にも昇るような幸運が転がり込んできたと思いました。ぶっちゃけた話、同期の噺家と勉強会やってるんですけど、そのメンバーのことをごっつ思たんですよ。悔しいやろなあって。ＡＢＣが「この人に注目してください」言うてはるのと同じでしょ。僕も、オモテ向きは「つらいわー」って顔をしてましたけど、腹の中では「よっしゃー」でしたから。でね、「しごきの会」当日ですけど、同期の林家花丸さんが来てくれたんですよ。これは嬉しかったですよね。僕はそういう、誰かの眩しい姿を絶対に見たくない方なんですよ（笑）。口ではなんぼでも喜んであげます。おめでとう。頑張ってるね。よかったなぁ。そりゃ言いますよ。人間としては言いますけど、見ないです。何も見ないです。でもそれを花ちゃんは楽屋来て、「大丈夫？ 南天ちゃん。行ける？」と言ってくれた。もう感動しましたね。なんちゅう嬉しい友達やと思ってね。

りょうば　みんなその気持ちはありますよね。なんで僕じゃないんですかとか、「次お願いします」

というのはあります。

今だからこそ、ライブの息づかいを共有する

りょうば　「しごきの会」含め「上方落語をきく会」って、昼夜またいで放送されるわけですよね、生で。こんな放送局にないですよ、全国探しても。スタッフさんがここまで上方落語の行く末のことを考えてくれる場所ってないでしょう。

南天　生放送にしたのって、これ新しい伝統ですよね。いつからですか？

戸谷P　２０１２年です。南天さんが初めて「上方落語をきく会」に出演された年が、朝日放送のちょうど60周年。そのタイミングで、じゃあ生放送・有料興行にしましょうとなったんです。それまでは無料の公開録音でした。

りょうば　生放送だから、皆さんちょっとずつ押しても大丈夫なように、余裕を持ってタイムテーブルが組まれている。それが去年は、みんな巻き気味で終わって、トリが吉弥師匠やったんです。吉弥師匠、25分ぐらいの予定のとこで40分くらいあって（笑）。

南天　吉弥くんなら大丈夫や。40分くらいどうってことない（笑）。

りょうば　吉弥師匠、途中で言うてはるんですよね。「枕長いと思ってはるでしょ、みなさん。時間めちゃめちゃあるんですわ」みたいなこと。そしたらお客さんドーってウケた。生ならでは

の面白さですね。

南天　そうそう。やりがいあるね。ＡＢＣだからやらせてもらえてるってところもあるかもわからんね。

りょうば　スタッフの方々も度胸がある（笑）。何でも好きにやってええからっていう雰囲気を出してくれはるんですよね。じゃないと若手に三席ネタ下ろしやってくれなんて頼めない。言うてしまえばムチャですよ（笑）。ＡＢＣさんが挑戦状をくれてはるわけです。こちらも、ほな受けて立ちますよ、っていう（笑）。僕らはまんまと挑発に乗ってるんですけど、挑戦状が来なかった人らもいるわけですからね。「次は俺や」って皆さん腕を磨いてるわけで。これからもやり続けてほしいですけどね。

南天　それはもう、この人を「しごきの会」で演ってもらいたいという噺家を見つけたら、しはるんちゃいますか。無理くりやろう思ったら、大変やからね。予定調和になっちゃう。

りょうば　そういうフレキシブルなところも、考え方が落語っぽい。うまいことといっても落語やし、失敗しても落語やし、っていう波長みたいなんが、噺家とうまく調和してるスタッフさんが多いですよね、ＡＢＣは。

南天　それに僕らの場合、ラジオにも出てる人間が出してもらう形ですけど、これがね、見事にリスナーのお客さんがたくさん来てくれる。そら、ウケますねん（笑）。知らんおっさんのカラオケは聞きたくないけど、知ってるおっさんのカラオケは聞けるのと同じ。これ、僕らの芸が悪い言うてませんよ？（笑）そやなしに、リスナーにとってみたら、その人間を知ってるわけです。そりゃ一生懸命落語をやったら笑うてくれるんです。おのずとその会も盛り上がる。もう最高の場の形ができてるんですよ、すでに。

りょうば　リスナーの方にしてみると、知り合いの兄ちゃんが喋ってる、みたいな雰囲気があるんでしょうね。

南天　そうそう。僕らはすごい下駄履かせてもうてるわけです。自分が出てる放送局で落語やって、ウケへんかったら、もうあかんでしょう。

りょうば　ラジオと落語の親近感っていうか、親密さってありますよね。だからリスナーの人は落語を聞いて面白いと思える人が必然的に集まって来てて、会も盛り上がって、相乗効果でどんどん、どんどん良くなっていく。

南天　だからＡＢＣには落語とラジオを引っつけることをずっと続けてもらいたい。ないんですよ、ここまでの放送局は。１日ね、昼と夜、長時間の落語会をふたつ流す、なんちゅうのは、いつまでできるのかわからんし。

りょうば　逆にこれから伸びるコンテンツかもしれませんよね、続けるしかないですよ！

資料編

70余年の歴史を振り返り、
懐かしいグッズも紹介。

ABCラジオ年表 1951-2023

１９５１年11月11日に開局してから70有余年。さまざまな番組が生まれ、多くのパーソナリティがマイクの前で喋ってきました。すべては触れられませんが、おもな番組の放送開始・終了時期や、ＡＢＣラジオや現在の出演者にかかわる出来事を年表にまとめました。

西暦	月日	ABCラジオ　おもな出来事	備考、出演者関連情報
１９５１	11／3	サービス放送開始	開局前に掲げた番組づくりのモットーは、略称のＡＢＣにちなんで ① Accurate Information（正しい報道） ② Beautiful Expression（美しい表現） ③ Cheerful Program（楽しい番組） このコンセプトに沿って番組編成が練られた。
	11／11	正午開局 本放送開始（ＪＯＮＲ １０１０ｋｃ １０ｋｗ）	
	11／13	「春団治十三夜」	
	12／5	私鉄ストで初の終夜放送。労使交渉などの動きを翌朝の出勤時間まで伝え、サラリーマンの好評を得る	
１９５２	8／13	全国高校野球大会の全試合を甲子園球場から実況中継	
	9／1	「ＡＢＣホームソング」開始→フランク永井「公園の手品師」、北原謙二「ふるさとの話をしよう」、仲宗根美樹「川は流れる」など、日本の歌謡史に残る名曲を輩出した。72年4月より「ホームソングにのせて」	
１９５３			

年	月日	出来事	入社
1954			
1955	6/13	「蝶々・雄二の夫婦善哉」（～1971年）	植草貞夫 入社
	12/1	「上方落語をきく会」が大阪・高麗橋の三越劇場で開催	
1956	3/1	「朝日新聞ニュース」に女性アナウンサー登場	
	12/1	後の朝日放送テレビになる大阪テレビ放送（OTV）開局	
1957	7/30	「漫才教室」開始。後に横山やすしらが出演し、関西お笑いの登竜門となる	
1958	3/4	「大阪ダイヤル」放送開始。電話を使った平日夕方のワイド番組（～1959）	
	4/1	本社を新朝日ビルに移転	
1959	10/1	送信出力を20kWに	
1960	12/1	大阪市内の交通情報 放送開始	
1961	6/11	「これがステレオだ」（MBSと同時放送、～1965）	
1962	4/2	「あしたのヒットソング」（ヒット曲を歌唱指導する番組、～1966）	
1963	4/1	「ダイマル・ラケットのみんなの歌謡曲」開始（～1975）→番組中の4割がダイマル・ラケットの2人による掛け合い生コマーシャルの番組。歌としゃべくりとCMが渾然一体となった形で好評を得る	
	5月	アナウンサーを大阪府警本部に派遣しての交通情報開始（1日9回）	
	11/11	高石ラジオ送信所 自動運転開始	
1964	10/1	東海道新幹線開業で報道特別番組「走れ！超特急」実況中継。TBS、CBCと共同制作	
1965	4/1	開局以来、毎時50分から放送していたニュースを毎正時の放送に変更	道上洋三 入社
	11/1	ラジオ朝ワイド「ABC発8時半」開始（中村鋭一ら、～1966）	

1966	4/1	「ABCヤングリクエスト」放送開始（～1986）。放送時間は（月～土）23時10分～26時	「ヤンリク」放送開始直後のハガキ枚数 4/3＝7327通 4/4＝5680通 4/5＝6544通 4/6＝6853通 4/7＝7503通 4/8＝7391通
	6/1	大阪市大淀区大淀南の新社屋に移転	
	7/1	新社屋敷地内に「大阪タワー」開業	
	10/9	「リクエスト大行進」放送開始（乾浩明ほか、日曜日のワイド番組、～1969）	
1967	4/2	「ヤンリク」日曜日にも放送開始	
	4/10	「日産ミュージックギャラリー ポップ対歌謡曲」放送開始（～1995）	
	5/1	「空からこんにちは」放送開始。放送界初のヘリコプターを使った夕方の交通情報番組（～1975）	
1968	8/5	「柴田邦江のおはようパートナー」放送開始（～1976）	
	11月	ABCホールで「ヤンリク はがき供養」。舞台に10万通のハガキの山を築き、薬師寺の長老による読経が執り行われた	
1969	2月	「ヤンリク」宛の1日あたりのハガキ枚数が2万通を突破	桑原征平 関西テレビ放送入社
	10/10	大淀社屋の南側に「ホテルプラザ」開業。朝日放送関連会社が運営	
	11/9	「東芝ワイドワイドサンデー」放送開始	
1970	3/15	大阪万博開幕。交通情報などの番組を多数放送。会期中の6ヶ月間で、万博取材に使われた30分テープ600本、原稿用紙は1万2000枚以上を消費	
	4/1	「ヤンリク」27時まで枠を拡大	
	7/1	「おはよう浪曲」放送開始（～2014）	
1971	4/1	「おはようパーソナリティ中村鋭一です」開始（～1977）	
	11/1	ラジオ出力50kwに増力。記念特番「ABCカーくりげ」を実施。1010台のラジオをプレゼント	

年	月日	出来事
	11/11	ラジオ増力・創立20周年記念超長時間落語会「1080分落語会」をABCホールで開催。後に3枚組のLPレコード化
1972	12/10	第33回衆院選「朝日新聞開票速報」でラジオ初の選挙区分析
1973	6/1	「フレッシュ9時半！キダ・タローです」開始（～1989）
1974	10/13	「日曜ナツメロ大行進」開始（～2011）
1975	3/31	「歌謡曲ぶっつけ本番」（～1989）
	3/31	「おしゃべり横丁ABC」開始（乾龍介ほか、～1979）
	4/6	「近鉄バファローズアワー」放送開始（～2004）
	10/6	「歌謡大全集」開始（ナイターオフの定番番組に。初年度は黒田昭夫、因田宏紀ほか。～2011）
1976	7/16	「ABCヤングリクエスト」10周年記念でリスナー100人を富士登山招待
1977	3/28	「おはようパーソナリティ道上洋三です」開始（～2022）
	5/2	「トヨタさわやかパトロール」平日11時台の情報バラエティ番組（～1991）。土曜には「トヨタウィークエンド・パトロール」開始
	11/11	開局記念「ビバラジオ！あなたとつくるABC」24時間のチャリティーキャンペーン
1978	10/3	夜ワイド「とべとべヤングABC！」開始（～1979）
	10/7	東芝サタデーワイド「仁鶴のなんやかんや土曜です」（～1989）開始
	11/23	周波数1010kHzから1008kHzに変更
	11/23	第1回ABCラジオまつり開催（大阪・中之島公園）
1979	4/1	ヤンリク13周年記念公開録音（ラジオ第1スタジオ）同日深夜は朝5時までの完全オールナイト放送実施
1980	10/12	「メモリーズ・オブ・ユー」開始

年	月日	出来事	備考
1981	10/11	「日曜名人会」（1983年〜「土曜名人会」）開始（〜1994）	「おはパソ」道上洋三ホノルルマラソン初参加（12月15日）。6時間39分45秒で完走。
1982	4/5	「ABC星空ワイド」開始（〜1983）	
1983	4/17	「ザ・シンフォニーホール・アワー」放送開始	エキスタでは「お昼です！ABCエキスタ一本勝負」「尾崎千秋のエキスタ発0時15分」「エキスタ・サンデーABC」「トヨタさわやかパトロール（金）」「聞けば効くほどやしきたかじん（金）」「歌謡曲ぶっつけ本番（金）」の生放送や特番の公開録音も行われた。
	4/25	大阪ターミナルビル（現・サウスゲートビルディング）15階に、ラジオ・テレビの公開スタジオ「ABCエキスタ」オープン。	
	10/10	「鏡宏一 ABCナイトQ」開始（〜1985）→1985年10月からは「鏡宏一 ナイトスクランブル」（〜1986）	
	10/10	「3時ですもうすぐ夜明けABC」放送開始（〜2017）。月〜土曜深夜は完全オールナイト放送となる。	
1984	12/6	ラジオ聴取率調査V24達成	三代澤康司 入社 道上洋三・唐川満知子「さそわれて大阪」で全日本有線放送大賞新人賞。翌年の「阪神タイガースかぞえ唄／六甲おろし」も大ヒット。
1985	4月	「ヤンリク」内包番組「ヤンリクラジオ・キッチュ」開始。後の松尾貴史の冠番組。1988年まで放送。	伊藤史隆、中邨雄二 入社
	10/7	「聞けば効くほどやしきたかじん」（〜1987）開始	
	10/16	阪神タイガース セ・リーグ優勝で試合中継（実況：植草貞夫、解説：藤田平）に続きオールナイト特番。21日からは19時台で5夜連続優勝特番を放送	阪神優勝翌朝の「おはパソ」は甲子園球場から公開生放送
1986	10/3	「ABCヤングリクエスト」最終回	「ヤンリク」最終回は夜10時から7時間の生放送。スタジオに50人のリスナーを招いた。
	10/6	「乾龍介のホットポイント」「ABCラジオジラ」開始（ともに〜1987）	芦沢誠 入社
1987	4/5	「新・夫婦善哉」開始。出演は桂春蝶、上沼恵美子（〜1989）	
	10/5	「毎度おおきに！べかこらんど」開始（〜1989）。金曜はエキスタから	

年	月日	出来事	備考
	10/12	「ABC東京発アーティストNOW」開始（～1988）	
	10/12	「ABCラジオファンキーズ」開始（～1988）。出演は大岩堅一、楠淳生、キッチュ、三代澤康司ほか	
1988	10/10	「ABCラジオシティ」開始（～1990）。出演は岡けん太・ゆう太ほか	
1989	4/3	「毛利千代子のおはようパートナー」開始時間が5：30に。	堀江政生 入社 「パノラマ大放送」は、開始当初「ABCスカイスタジオ」の副題がついており、大阪タワー展望台2階からの生放送だった。
	4/3	「おはようパーソナリティ 道上洋三です」開始時間を6：30に。	
	4/3	「タローのYou遊スタジオ」（～1990）→「フレッシュ9時半！キダ・タローです」を拡大	
	10月	TBSラジオからの深夜放送「スーパーギャング」ネット開始（～1991年10月）、「ABCラジオシティ」短縮	
	10/9	昼ワイド「パノラマ大放送」開始（～1993）。スタート時の出演は円広志、桂べかこ、中村鋭一、月亭八方	
	10/9	「リンゴ・モモコのハイ！ひるごはん」開始（～1991）	
1990	3/12～3/17	開局40周年記念特番「オールナイトライブ 枝雀～春はあけぼの6日間～」をABCホールから6日間生放送	
	4/10	「ABCラジオナイター」から「ABCフレッシュアップナイター」へ。	
	10/8	「ABCラジオパラダイス」放送開始（～1992）	
	10/13	「鶴瓶・青春のアンコール」放送開始（～1993）	
1991	10/7	「ABCミュージックパラダイス」（第1期）放送開始（～2009）	柴田博がアナウンサー入社試験で1次試験を突破したことに気づかず、一旦帰途につくも友人に教えられ、踵を返す。ところが快速で西九条まで行ってしまい大遅刻。そのエピソードをおもしろおかしく話をしたおかげか怪我の功名で内定を勝ち取る。

年	月日	出来事	その他
	10/7	「はい！可朝ですＡＢＣ」開始（〜１９９５）	桂南天、桂べかこ（現・南光）に入門
	10/7	「立原啓裕の昼はおまかせ！電リクだぁ!!」開始（〜１９９４）	
1992	3/15	ＡＭステレオ放送開始（２０１０年3月14日でサービス終了）	秋にＣＤ「浪速のモーツァルト キダ・タローのすべて」が発売され話題に。同ＣＤには「ヤンリク」テーマ曲の奥村チヨ（初代）、岡本リサ（2代目）や、局のジングル「きこうＡＢＣ」「１０１０ＡＢＣ」が収録された。
	4/17	「おはようパーソナリティ道上洋三です」15周年記念 上海からのＡＭステレオ生放送	
	10/11	日曜の昼ワイド「三代澤康司のどか〜んと5時間一発勝負」開始（〜１９９５）	柴田博 入社
1993	1/4	「ウシミツリクエストＡＢＣ」開始（〜１９９９）	「こころ晴天」はスタート当初は月〜木曜が「上沼恵美子のこころ晴天」、金曜が「円広志のこころ晴天」
	4/5	「こころ晴天」開始	
	4/10	「つるべがおかず」開始（〜１９９８）	
	4/10	「山田雅人の今夜だけは…」開始（〜１９９６）	
	4/17	「ＡＢＣアシッド映画館」開始（〜２００９年）	
	12/17	「おはようパーソナリティ 道上洋三です」香港から生放送	
1994	9/4	関西国際空港開港で27時間の特別番組「世界へ ＴＡＫＥ ＯＦＦ！」（9/3 23時〜9/4 26時）放送	小縣裕介 入社 桂吉弥、桂吉朝に入門
1995	1/17	午前5時46分、阪神淡路大震災発生。『被災者に安心と励ましを届ける放送』を第一に、発生から丸2日間は完全特番編成。その後は一部のＣＭと録音番組が復活しつつ準特番編成で、通常の時間の出演者が語りかける放送を行った。ほぼ全ての番組を通常に戻したのは2月1日午前5時30分から	浦川泰幸 入社
	2/19	特別番組「大震災から1ヵ月」法律や税金相談などを5時間放送	

年	月日	出来事	入社・その他
	4/3	「安部憲幸の月火水木アベ9ジラ」開始（〜1999 ※1996年秋に月〜金となり番組名変更）	
	4/9	「三代澤康司のサンデーワイドどか〜んと360分!」（〜1996）	
	4/10	「オン・ザ・ターフ」開始→2010年4月に「ジョッキールーム」とタイトルを変え現在も放送中	
1996	3月	「おはようパーソナリティ道上洋三です」ニュージーランドから生放送	枝松順一、藤崎健一郎 入社
	10/12	「ガッチ TheMusic」放送開始（〜1999）。土曜朝のカウントダウン番組	
1997	10/12	「日曜落語〜なみはや亭」開始（出演：伊藤史隆）	橋詰優子 入社
		「香港返還」特番で芦沢誠現地リポート	
1998	10/10	「芦沢誠のDoYouサタデイ」（〜1999）	上田剛彦 入社
1999	3/29	「東西南北 龍介がゆく」開始（〜2003）	加藤明子 入社
	4/3	「羽川英樹のLLらんど！」開始（〜2002）。パートナーは宇野ひろみ	「おはパソ」からCD「英美ちゃんのレッツ・ゴー！九九！」発売、オリコン初登場29位
	10/7	「ピートム .ComicJack」開始（〜2012）。望月理恵や中川翔子がアシスタントを務めた	
2000	4/3	インターネットで聴けるABCラジオ「Webio」配信開始	岩本計介、小寺右子 入社
	4/5	「スラスラ水曜日」開始（〜2010）。番組開始時の出演は三代澤康司、宮根誠司、桜井一枝	
	6月	関西圏ラジオ聴取率調査で、12年ぶりにAM首位を奪回	
	10/3	「スレッドキングABC」開始（〜2009年）。出演はアメリカザリガニ	
	10/7	「トミーズのみ〜んなトントン！」開始（〜2009年）	
	11/11	本放送開始50年「ABCラジオの日」、「朝日放送創立50周年記念 第100回上方落語をきく会」をABCホールで開催	
	12/11	「おはパソ」ホノルルマラソンツアー、現地から生放送	

年	月日	出来事	備考
2001	4/8	「キングコングのほにゃらじお」開始（～2009年）	武田和歌子、山下剛 入社
	10/1	昼ワイド「元気イチバン!!芦沢誠です」開始（～2010）。芦沢アナのパートナーは小川恵理子	
	12/13	道上洋三クロールで1キロ完泳	
2002	4/1	「魁!!ランディーズ」開始（～2008）	3/25～4/1「25周年記念・道上洋三JAPANツアー2002」と題して、連日各地から公開生放送 →奈良・100年会館／和歌山・ビッグ愛／京都・高台寺／兵庫・尼崎アルカイックホール／大阪・ザ・シンフォニーホール／東京・ABCホール
	4/1	「夕刊探検隊」開始（～2022）。歴代の「隊長」は妹尾和夫、桂む雀、桂吉弥。20年の長寿番組となる	
	4/5	「なるみ・八方のごきげんさん！」開始（～2010）	
	10/6	「ブラックマヨネーズのずぼりらじお」開始（～2005）	
	10/12	「柴田博のまっぴるま王子」開始（～2006）。土曜の昼ワイド番組	
	10/18	「るるぶぐるたま」発売 →ABCラジオがJTBと協力し、パーソナリティーとリスナーが選んだ京阪神の旨い店239店を紹介した雑誌	12/30「おめでとう!アメザリのM-1スペシャル」放送。ただし、第2回M-1グランプリのチャンピオンとなったのは同じ松竹芸能のますだおかだで、アメリカザリガニは9位だった。
2003	9/15	阪神タイガース18年ぶりリーグ優勝を記念しオールナイト放送	
	9/29	「全力投球!! 妹尾和夫です」開始（帯番組としては～2009年、曜日・タイトル変更で枠移動、2021年終了）	
2004	6/7	「桑原征平 粋も甘いも」開始	桑原征平はこの年5月に関西テレビ放送を定年退職した。
	10/2	「ドッキリ！ハッキリ！三代澤康司です」土曜日朝の番組として開始。九官鳥の「きゅーちゃん」がお相手	
2005	4/9	「米朝よもやま噺」開始（～2013）	「全力投球!!妹尾和夫です」からCD「おかあさんのカレー」発売、オリコン初登場30位
	4/9	「橋詰優子のおはようチャイナ」開始（～2010）	
	9/29	阪神タイガース 岡田政権でリーグ優勝。優勝特番も	

年	月日	出来事	備考
	10/2	宮部みゆきラジオドラマシリーズ「ぼんくら・日暮らし」(～2006年3月)	高野純一 入社
	12/20～12/23	「上方落語をきく会 50周年記念 ABC 落語まつり」を上方演芸資料館ワッハホールで開催。4夜連続生放送	
2006	10/3	「鶴光のDJ王国」開始(～2011)	7～9月 道上洋三が病気による療養。9月25日に「おはパソ」復帰。
	10/7	「仁鶴の落書き帖」開始(～2021)	
	10/8	京極夏彦ラジオドラマシリーズ「百器徒然袋 雨・風」(～2007年3月)	
2007	3/21	おはパソ30周年記念公開生放送(大阪城ホール)	「おはようパーソナリティ道上洋三です30周年記念アルバム」発売。アナウンサーが発売したCDとしてはオリコンウィークリーチャート最高の11位を記録。
	4/7	「征平・吉弥の土曜も全開!!」開始	
	11/11	大沢在昌ラジオドラマシリーズ「ザ・ジョーカー」(～2008年3月)	
2008	3/31	「ABC 発午前1時」開始(～2009)。「もうすぐ夜明けABC」の第1部	北村真平、桂紗綾 入社
	3/31	「高野あさおの週刊・おーmyとーく!」開始	
	6/23	新社屋マスターから放送開始(ラジオのスタート時刻は4時31分～)	
	7/13	「浦川泰幸の気分はトレンディ!」開始(～2010)	
	11/16	ラジオドラマ「まほろばの青い花」(～2009年3月)	
2009	7/3	「ABCミュージックパラダイス」第1期放送終了→7/10「ミューパラ・アグレッシブ」開始(～2012)	横山太一 入社
	7月	「ドキハキ」月曜～金曜に移動	
	7/11	土曜の朝ワイド「ようこそ!伊藤史隆です」開始(～2011)、伊藤アナのお相手は林智美	
2010	3/14	AMステレオ放送終了	塚本麻里衣 入社

年	月日	出来事	その他
	3/15	IPサイマルラジオ実用化試験配信開始（radiko.jpとして12月に正式スタート）	創立60周年を記念し、11/11にワイド番組を繋げる「みんなで60周年ABCラジオ」、11/13に「ヤンリク」から「ミューパラ」までABCラジオの過去の深夜番組をなぞる「みんなでGo！Go！60周年」を放送。
	4/5	「武田和歌子のぴたっと。」開始（～2020）。ABC女性アナウンサーとしては初めてワイド番組のメインパーソナリティに	
	4/9	「兵動大樹のほわ～っとエエ感じ。」開始	
	4/11	「磯部・柴田の日曜のびのび大放送」開始（～2018）	
	6/27	三代澤康司「サロマ湖100キロウルトラマラソン」に挑戦、翌日はホテルの1室から「ドキハキ」生放送	
2011	3/11	東日本大震災発生→3/13開催予定だった「ABCラジオ スプリングフェスタ」が中止に	古川昌希 入社 3/10「おはようパートナー」「日曜ナツメロ大行進」などに出演した毛利千代子さん死去
	3/13	ABCラジオ60周年記念CDブック「いつもラジオと一緒」発売。リスナーによる作詞、キダ・タロー作曲の「ハッピーソング・ハッピーボイス」収録。売上を東日本大震災チャリティーに寄付。	
	4/1	ナイターオフの定番番組「歌謡大全集」終了	
	4/9	「柴田博のほたるまち旅行社」開始	
2012	1/7	「サクサク土曜日中邨雄二です」開始	斎藤真美 入社 11/17「ドッキリ！ハッキリ！三代澤康司です」などに出演した女優・牧野エミさん死去。翌18日放送の「ABCラジオまつり」の公開生放送で報告。牧野さんと「歌謡大全集」で共演した桂南天（当時桂こごろう）が翌年春から後を継いだ。
	1/23～1/27	「朝日放送創立60周年記念 ABCラジオ上方落語をきく会」ラジオでも生中継	
	4/7	「NMB48学園～こちらモンスターエンジン組」開始（～2019 ※前年4月から開始の「～教えて千鳥先生」の後継番組）	
	5/4	「おはパソ」35周年記念公開生放送（ホームズスタジアム神戸）	
	7/6	金曜夜の音楽番組「ガチ・キン」開始（～2016）。パーソナリティはSoCo（2014年からは山崎好美も出演）	
	10/2	「堀江政生のほりナビ!!」（～2017）	

年	日付	番組・出来事	その他
2013	1/6	「STAR☆MUSIC☆SUNDAY」開始（出演：しもぐち☆雅充）	北條瑛祐 入社 11/16「とべとベヤングABC」「もうすぐ夜明け」「おはパソ」などで活躍した川田恵子さん死去。翌17日の「ABCラジオまつり」会場に献花台が設置された。
	4/1	「MondaySPORTS-JAM」開始（〜2021）	
2014	1/4	「俺達かまいたち」開始（〜2018）	4/1から「radikoプレミアム」サービス開始（有料）。全国から聴取可能に。 ラジオ中継車（1号車）を10年ぶりに更新
	3/31	月〜木の夜ワイド「よなよな…」放送開始（〜2021）。ダイアン、森脇健児らが曜日ごとに担当	
	3/31	月〜金25時〜27時の生ワイド「夜は、おとども」放送開始（〜2017）	
	10/4	「道上洋三の健康道場」開始（2023年春〜「浦川泰幸の健康道場プラス」に引き継がれる）	
2015	6/15	新キャラクター「エビシー」お披露目	福井治人 入社 3/7〜3/8、ヤンリク世代の同窓会をコンセプトにした「ABCヤングリクエストフォーエバーコンサート」をABCホールで開催
	7/27	FM補完放送予備免許交付。周波数は93・3MHzに	
	12/6	「ラジオでウラ実況!? M-1グランプリ2015」放送。M-1が5年ぶりに再開したこの年から開始、定番化。初年度はメッセンジャーあいはら、桂三度らが出演	
2016	3/19	ワイドFM（FM補完放送）の本放送を開始。これを記念し「ほんまもんのワイドFMをハッキリ愛して♡」をMBS、OBCと同時生放送	澤田有也佳、小西陸斗 入社 ABC創立65周年記念連続ラジオドラマ「ナデシコですから」放送（6/27〜9/23）
	4/3	「高山トモヒロのオトナの部屋」開始	
	9/26	「朝も早よから 中原秀一郎です」開始（〜2018）	
	9/30	「下埜正太のショータイムレディオ」開始（〜2021）	
2017	10/3	ナイターオフ番組「伊藤史隆のラジオノオト」開始（〜2023）	津田理帆 入社
	10/7	「感度良好！中野涼子です」開始	
	10/8	「霜降り明星のだましうち！」開始	

年	月日	出来事	
	10/9	「おはパソ」40周年記念公開生放送 In 市立吹田サッカースタジアム	
2018	1/1	34年続いた「もうすぐ夜明けABC」に代わり、月~金の深夜ワイド「with you」開始（~2021）。塩田えみらが担当	佐藤修平 入社
	4/1	新会社「朝日放送ラジオ株式会社」として事業開始→5/27「ABCラジオ設立記念特別番組 ラジオは愛だ!?」放送	「ABCラジオ設立記念特別番組 ラジオは愛だ!?」放送。MC はメッセンジャーあいはら、喜多ゆかり。インタビューゲストとして赤江珠緒・近藤光史・道上洋三・ヒロ寺平・山里亮太・aikoらが出演。
	4/3	「森脇健児のケンケン・ゴウゴウ!」開始（~2021）	
	10/6	「澤田有也佳 のアナがパジャマに着替えたら」開始（~2020）	ミルクボーイが「M-1グランプリ」で優勝。史上最高得点681点を獲得
2019	1/2	「朝も早よから芦沢誠です」「朝も早よから桂紗綾です」開始	増田紗織 入社
	1/18	「藤原竜也のラジオ」開始	桑原征平が生前葬を執り行う。9/29に2時間の特別番組を放送。
	4/1	「桂りょうばの落語トラベル」開始	
	4/5	「喜多・西森のゆかいな金曜日!」開始（~2020）	
	4/5	「浦川泰幸の金曜はウラから失礼」開始（~2020）	11/17 万博記念公園で行われた「ABCラジオまつり」に上沼恵美子が登場。数万人のリスナーが押し寄せた。
	4/7	「サニー・フランシスのマサララジオ」開始	
2020	3/24	「田淵麻里奈の夜遊びはココから」開始	
	3/31	「ミルクボーイの煩悩の塊」開始	
	4/4	「澤田有也佳のこっそりラジオ」開始（~2022）	大野雄一郎 入社
	10/5	「ウラのウラまで浦川です」開始	
	10/9	「横山太一のピカイチ☆ブランチ!」開始（~2022）	

年	月日	番組	出来事
	10/9	「柴田・西森のぼちぼち金曜日！」開始（〜2021）	
2021	3/30	「ノイミーステーション」開始	
	4/2	「岩本・西森の金曜日のパパたち」開始	
	4/3	「東野幸治のホンモノラジオ」開始	
	4/3	「播戸竜二のバン！バン！バン！」開始	
	4/3	「中村七之助のラジのすけ」開始	鷲尾千尋 入社
	4/3	「小早川秀樹のナイスじゃナイト！」開始	
	7/5	「なえなののブカピなの」開始	12/20「おはパソ」内で2022年3月をもって道上洋三の卒業を発表
	9/27	「ABCミュージックパラダイス」（第二期）開始	
	9/28	「ミルクボーイの火曜日やないか！」開始	
	9/30	「ますだおかだ増田のラジオハンター」開始	
	10/2	「真夜中のカルチャーBOY」開始	
	10/3	「武田和歌子…and music」開始	
2022	3/28	「おはようパーソナリティ小縣裕介です」開始	
	4/1	「おはようパーソナリティ古川昌希です」開始	
	9/29	「今村翔吾×山崎怜奈の言って聞かせて」開始	福戸あや、平野康太郎 入社
	9/30	「きっちり！まったり！桂吉弥です」開始	
	10/3	「笑い飯哲夫のしんぶん教室」開始	
	10/6	「こちらQuizKnock放送部」開始	
2023	4/3	「アインシュタイン灰春ナイト」開始	
	4/6	「辛坊治郎の万博ラジオ」開始	大仁田美咲、小櫃裕太郎 入社
	7/8	「土曜日やんなぁ?」開始	
	7/24	「文珍・小佐田 夜のひだまり」開始	

三代澤康司が語る

大淀南 思い出の場所

若かりし頃の三代澤康司
※「ABC ラジオファンキーズ」
（1987 − 1988）の宣材写真

ABCが現社屋に本社を移転したのは2008年6月。その前の42年間はJR福島駅を挟んだ北側の大淀南に本社・スタジオがあった。そこには電波塔の「大阪タワー」や、関連会社が運営し"ABCの迎賓館"とも呼ばれた「ホテルプラザ」、昼の人気番組「ポップ対歌謡曲」の公開生放送で知られた自動車展示場「日産大阪ギャラリー」など、単なる放送局にとどまらない華やかな施設があった。当時を知る人も年々少なくなってきた今、三代澤康司に大淀社屋の思い出を振り返ってもらった。（話/三代澤康司　構成/河野虎太郎）

01 大淀旧社屋

「朝日放送の 50 年」より。

今では想像もできないけど、旧社屋の前を通るなにわ筋は先輩から聞いた話だと最初はまだ舗装されてなかったっていうんですね。梅田の中心部からちょっと離れたところは、そんなもんだったんですね。

私からすれば、大淀社屋はめちゃくちゃかっこよかったです。本社にあったラジオの「第1スタジオ」は、2階分の吹き抜けで、とにかく大きい。公開放送で使われるスタジオなんですが、オーケストラ演奏のレコーディングができるような広さでした。

あと、2階にあった「リハーサル室」。ただの会議室みたいなだだっ広い部屋なんです。でもそこは、地下にあるABC ホールのステージと同じ大きさを切り取れる。つまり、ホールでの同じ動きができる。だから「リハーサル室」なんです。すごい発想で元の大淀社屋って造られていたんですよ。ABC ホールはキャパシティが約600人。テレビの公開放送だけでなく、ラジオのイベントもやっていました。

02 日産大阪ギャラリー

社屋の1階、なにわ筋に面したところにあったのが日産大阪ギャラリー。自動車のショールームですけど、そこでは毎日午後1時半から「日産ミュージックギャラリー・ポップ対歌謡曲」の生放送をやってました。70年代から90年代に関西で活躍したお笑いタレントの方はほとんど出演していました。でも、みんな喋りまくるから曲がかからない、イントロだけですぐCMにいってしまう番組でしたが、逆にそれが名物になっていました。このクイズを出して、正解チームの曲をかけるというフォーマットは、番組が1995年に終了した後も、開局記念日やいろんな特番でよくやりました。私も「スラスラ水曜日」で、宮根誠司さんや桜井一枝さんと『OSSAN（おっさん）ミュージックギャラリー』言うてやってました。おっさんなのは、私や宮根さんでなく、桜井さんです（笑）。

03 大阪タワー

社屋のすぐ横には電波塔の「大阪タワー」がありました。地上102メートルにあった展望台に『スカイスタジオ』という、大阪の街が一望できるスタジオがあって、1979年からはテレビの「おはよう朝日です」が放送されて、朝の空のリアルな様子を背景に放送する画期的な番組として注目されました。私はここで1988年から6年間「おはよう朝日・土曜日です」の司会をやりました。1989年の秋からはラジオのワイド番組「パノラマ大放送」のスタジオとしても使われるようになりました。

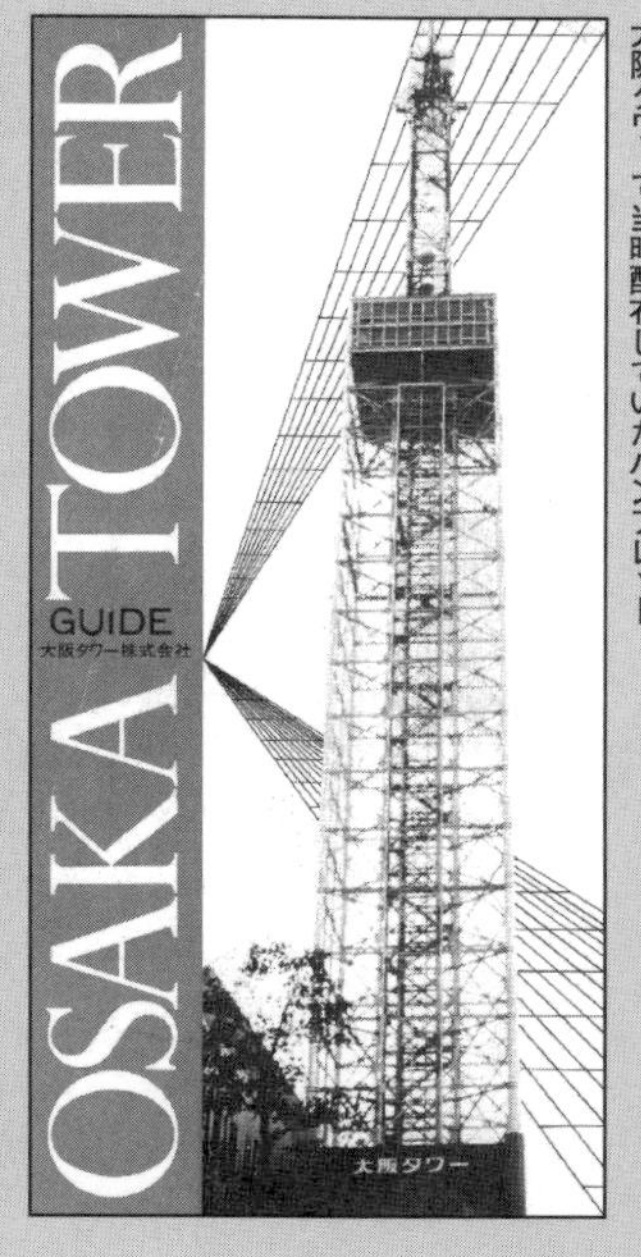

大阪タワーで当時配布していたパンフレット。

04 ホテルプラザ

ホテルプラザの絵ハガキ。

局の向かいには「ホテルプラザ」がありました（1969年開業、1999年営業終了）。朝日放送の関連会社が運営していた、当時の大阪では最高級クラスのホテル。1階のラウンジでは、ディレクターやプロデューサーの先輩たちが、芸能人と談笑したりしていました。夜は夜で、桂米朝さん、堺屋太一さんや小松左京さんなど、そうそうたる人たちが毎晩のように飲んでいろんな話に花を咲かせていた、いわゆる「文化サロン」みたいな場所。小松さんはホテルプラザの客室を事務所にしていましたね。のちにホテルプラザの宴会場で宮根誠司さんとディナーショーをやることになるとは…。

05 ザ・シンフォニーホール

大淀社屋の南側の「ザ・シンフォニーホール」も朝日放送創立30年の1982年に開館しました。当時世界にここしかなかった、残響2秒のクラシック専用のホールです。あの頃のABCには、東京の放送局にないものを作ろうという気概がありましたね。私の番組でも長年ここで、「ドッキリハッキリクラシックです」という、大人のためのクラシック入門コンサートを開催しています。

「朝日放送の 50 年」より。

公開スタジオ・エキスタは豪華な造り！

その頃のABCは大淀の本社のスタジオだけでなく、大阪駅ビルの「アクティ大阪」の15階に、サテライトスタジオ「ABCエキスタ」がありました。私が入社する1年前、1983（昭和58）年の春のオープンです。当時、梅田には、ラジオ大阪が阪神百貨店の1階に、MBSラジオが阪急グランドビルの31階にサテライトスタジオを持っていたんですが、どちらも「ガラス張りブース」のスタジオでした。でも、エキスタはテレビの公開放送やイベントもできる、2フロア吹き抜けのオープンスペース。お客さんが16階から見下ろせて、壁には36面のマルチビジョンもある。すごい施設があるんやなぁと思いました。

ABC ラジオまつり in 万博記念公園 2022

レポート

リスナーがパーソナリティを間近で見ることができる人気のイベント「ABCラジオまつり」。毎年11月、大阪府吹田市の万博記念公園での開催が恒例となっているが、ここでは2022年の模様を少しだけ公開しよう!

オープニングは当日参加のアナウンサーで最年長・伊藤史隆と最年少・鷲尾千尋が登壇! あいにくの雨模様だったが3年ぶりの開催とあってリスナーも大いに盛り上がっていた。

「ウラのウラまで浦川です」のステージ。日頃聴くことができない日替わりパートナーのクロストークで会場は最高潮に! そして雨も土砂降りに!!

平日の昼ワイド「パワフルアフタヌーン」火〜金曜のパーソナリティが登壇。桑原征平がボケ倒し、兵動大樹らがツッコミまくることに。

「ミュージックパラダイス」パーソナリティ(当時)が初めての勢ぞろい!

ABCラジオカレンダーやアナウンサーカレンダーなどグッズも販売。時間によってはパーソナリティも販売スタッフとなり、リスナーと触れ合うことも!

カラーで振り返る
関連グッズ

ABCラジオ 懐かし資料集

社屋移転や大掃除を乗り越え、ABCラジオの倉庫に眠っていた品や、好事家が収集していたグッズをカラー写真でご紹介。見るだけできっとあの頃に戻れるはず!!

ラジオ

ABCラジオ関連の「ラジオ（受信機）」は記念品を中心にいくつか存在する。その一部を紹介！

40周年記念ラジオ

朝日放送創立40周年記念のアンティーク風AM／FMラジオ（1990年ごろ）。松下製で高さ約30センチ。スピーカー、筐体の大きさからかなり音質がよい。

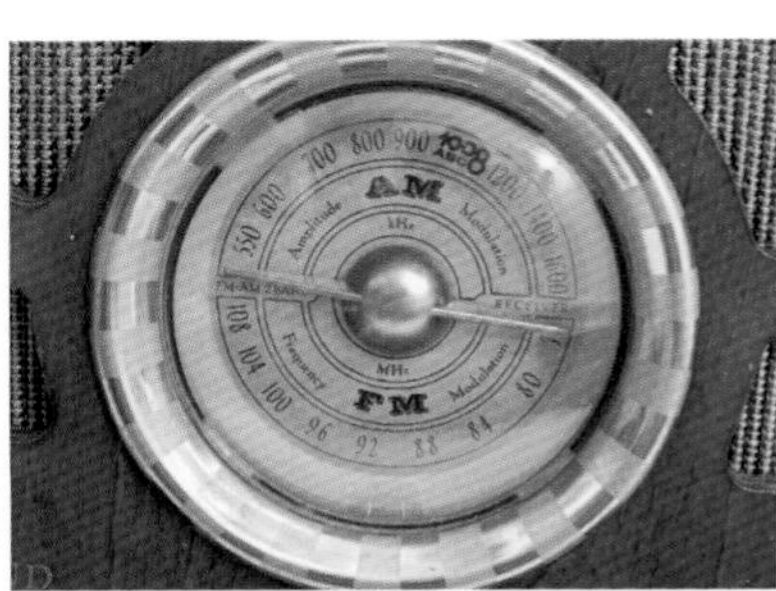

当時はまだFM補完放送はなかったので、AMの「1008」のみが目立つようにデザインされている。

MODEL NO. ABC-40
MAU 100V 6W 50/60Hz
朝日放送株式会社
〔製造者名〕松下電器産業株式会社
朝日放送創立40周年記念

銘板。朝日放送株式会社も松下電器産業もどちらも旧社名なのがポイントが高い。

中身は真空管ではなく、基板がこのとおり。バーアンテナも大きくAMラジオの受信には向いてるラジオだ。

新社屋型ラジオ

2008年、朝日放送新社屋完成を記念して作られた「新社屋型ラジオ」(AMのみ)。サイズは約8センチ四方で、スピーカーも内蔵(丸い緑の部分)。イヤホンも付属していた。

ワンタッチで1008kHzにセットされるスイッチも装備！

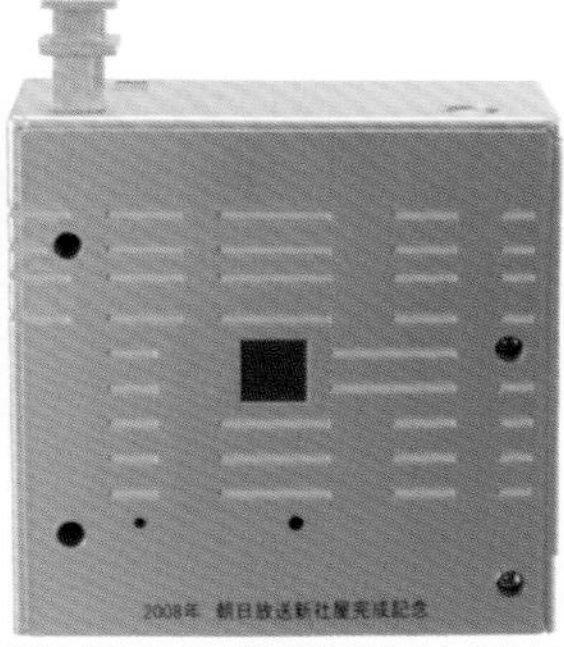

裏面。「2008年 朝日放送新社屋完成記念」とある。関係者を中心に配られたものだ。

ABC専用カード型ラジオ

ABCラジオ(1008kHz)しか聴けないイヤホン専用カード型ラジオ。「センパチくんシリーズ」の後期バージョン(1989年ごろ)。

このほかイヤホン巻き取り式の前期型、タイガースカラーの中期型がある。

ベリカード

リスナーからの受信報告書に対して、発行されるベリカードは絵柄が頻繁に変更される。一部となるがABCのベリカードの歴史を見てみよう。

1956年

1955年

1953年

1960年

1959年

1957年

1962年

1961年

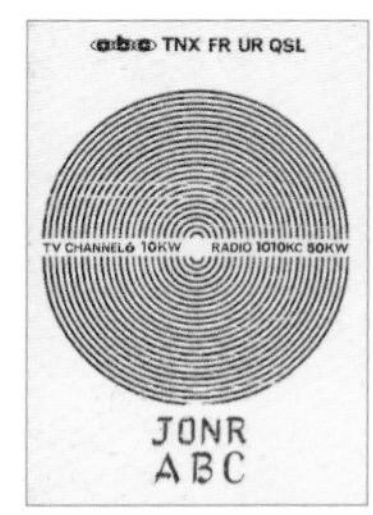

1960年代（詳細不明）

1965年

1964年

1963年

1970年代前半？

1970年

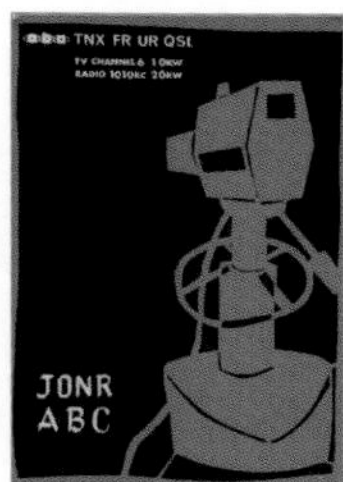

1969年

1983年

1977年

1973年

1993年

1990年

1987年

2019年

2008年

2002年

※協力／秋葉原BCLクラブ、masaさん　※カードを取得した年を表示しています

ノベルティグッズ

ごく一部になるが、ノベルティグッズから珍品を厳選しご紹介！

「ABCヤングリクエスト」リスナー用に発行していた小冊子「ヤンリクメイツ」。1970年頃。道上洋三や、笑福亭仁鶴ら若手落語家が表紙を飾った。

懐かしの「ヤンリク」のテーマソングも楽譜付きで紹介されていた。

「おはようパーソナリティ 道上洋三です」40周年記念品セット。切手や記念ソングCDなどかなり豪華な内容。

「ABCフレッシュアップナイター」のテレホンカード。1枚は「タイガースナイター」とあることから1995年前後のものだと思われる。

現在オンエア中の番組も！

「征平・吉弥の土曜も全開!!」特製扇子。

「ドッキリ！ハッキリ！三代澤康司です」の“かつかつ財布”。

「サクサク土曜日 中邨雄二です」と「兵動大樹のほわ〜っとエエ感じ。」のポケットティッシュ。

タイムテーブル

昔のタイムテーブルを眺めているだけでその時代に戻れるもの。下記QRコードをスマートフォンで読み込めば当時のタイムテーブルが読み込めるので、ぜひアクセスしてみよう。

昔のタイムテーブルをスマホで見てみよう！

1966年11月

1970年4月／10月

1975年5月／10月

1980年5月／11月

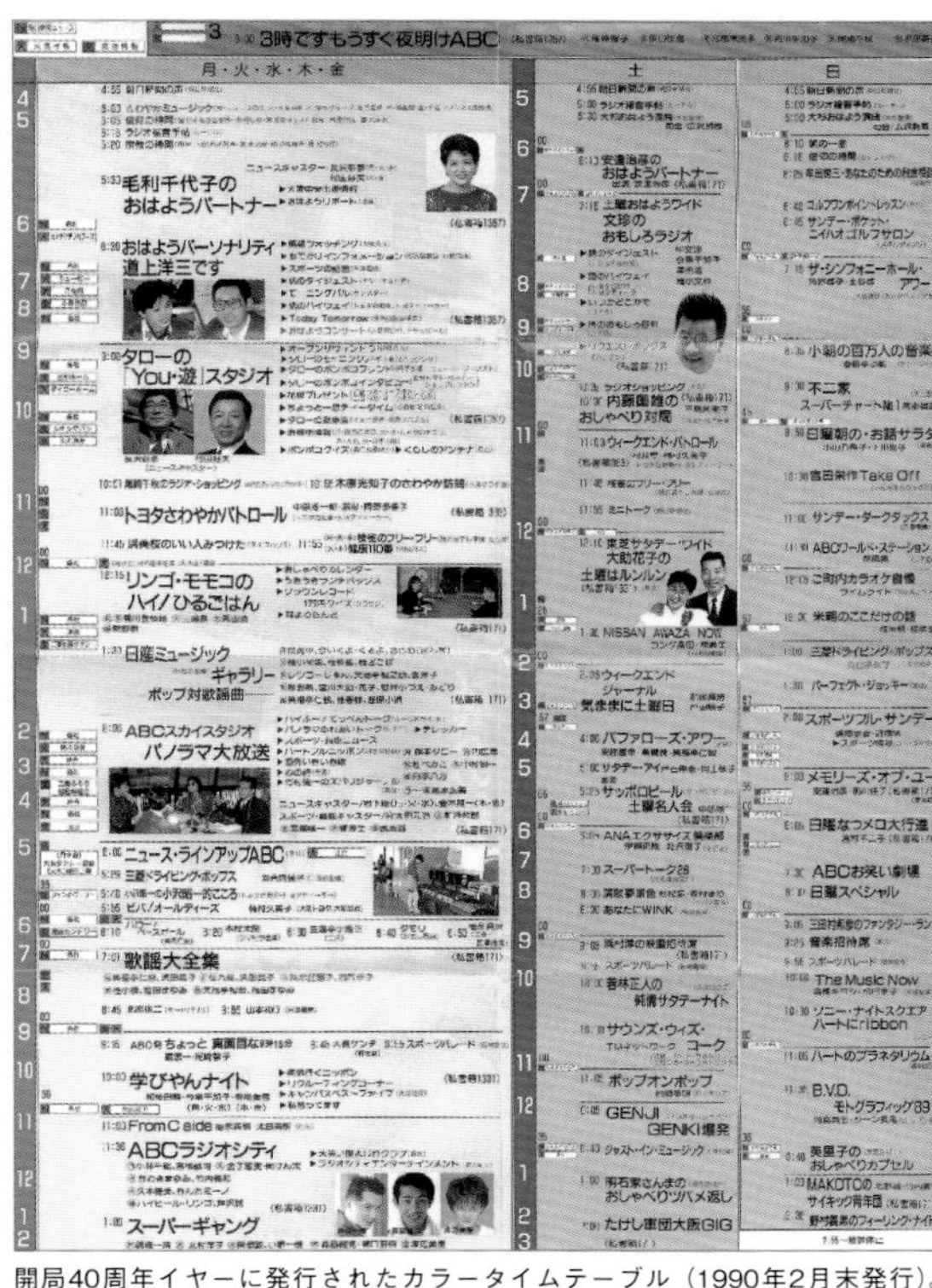

3:30 3時ですもうすぐ夜明けABC

月・火・水・木・金 | 土 | 日

5:33 毛利千代子のおはようパートナー

6:30 おはようパーソナリティ道上洋三です

9:00 タローの「You・遊」スタジオ

11:00 トヨタさわやかパトロール

12:15 リンゴ・モモコのハイ！ひるごはん

1:30 日産ミュージックギャラリー ポップ対歌謡曲

2:00 ABCスカイスタジオ パノラマ大放送

5:00 ニュース・ラインアップABC

7:00 歌謡大全集

10:00 学びやんナイト

11:00 From C side

11:30 ABCラジオシティ

1:00 スーパーギャング

6:13 安藤治彦のおはようパートナー

7:10 土曜おはようワイド 文珍のおもしろラジオ

10:30 内藤國雄のおしゃべり対局

11:03 ウィークエンド・パトロール

12:10 東芝サタデー・ワイド 大助花子の土曜はルンルン

1:30 NISSAN AMAZA NOW

2:05 ウィークエンドジャーナル 気ままに土曜日

4:00 バファローズ・アワー

5:20 サッポロビール 土曜名人会

11:30 スーパートーク28

11:30 ポップオンポップ

0:00 GENJI GENKI爆発

1:00 明石家さんまのおしゃべりツバメ返し

2:00 たけし軍団大阪GIG

8:30 小瀬の百万人の音楽

9:30 不二家 スーパーチャート No.1

9:30 日曜朝の・お話サラダ

10:30 吉田栄作Take Off

11:00 サンデー・ダークダックス

11:30 ABCワールド・ステーション

12:05 ご町内カラオケ自慢

1:30 パーフェクト・ジョッキー

2:00 スポーツスパル・サンデー

5:00 メモリーズ・オブ・ユー

6:00 日曜なつメロ大行進

7:30 ABCお笑い劇場

8:00 日曜スペシャル

10:05 The Music Now

10:30 ソニー・ナイトスクエア ハートにribbon

11:05 ハートのプラネタリウム

11:30 B.V.D. モトグラフィック'89

0:00 美里子のおしゃべりカプセル

1:00 MAKOTOのサイキック青年団

開局40周年イヤーに発行されたカラータイムテーブル（1990年2月末発行）。深夜にTBSラジオのネットを受けていた時期のものである。

1985年4月／11月

1990年4月／10月

1995年4月／10月

2000年4月／10月

2005年4月／10月

※2024年12月末まではデータをアップしておきますが、それ以降はアクセスできなくなることがあります。ご了承ください。

ABCラジオ本

2023年11月17日 第1刷発行

著者　ABCラジオ

編集　梅田庸介（三才ブックス）
進行　髙山悠子、石田琢真（ABCラジオ）
装丁　細工場
DTP　松下知弘、山本和香奈（三才ブックス）

発行　株式会社三才ブックス
〒101-0041 東京都千代田区神田須田町2-6-5 OS'85ビル
TEL 03-3255-7995
https://www.sansaibooks.co.jp

印刷・製本　図書印刷株式会社